Andrés Rey

Aplicação de Crowdsourcing para gerar conjuntos de dados

Andrés Rey

Aplicação de Crowdsourcing para gerar conjuntos de dados

de processos de contratação pública

ScienciaScripts

Imprint

Cover image: www.ingimage.com

This book is a translation from the original published under ISBN 978-613-9-07351-1.

Publisher:
Sciencia Scripts
is a trademark of
Dodo Books Indian Ocean Ltd. and OmniScriptum S.R.L publishing group

120 High Road, East Finchley, London, N2 9ED, United Kingdom
Str. Armeneasca 28/1, office 1, Chisinau MD-2012, Republic of Moldova, Europe
Managing Directors: Ieva Konstantinova, Victoria Ursu
info@omniscriptum.com

Printed at: see last page
ISBN: 978-620-8-38518-7

Conteúdo

CAPÍTULO 1

1. INTRDUÇÃO

O Banco Mundial define a corrupção como a exploração do poder público em proveito privado, salientando o seu impacto negativo no desenvolvimento económico e social dos países. O fenómeno está interligado com uma série de problemas sociais, económicos, jurídicos, culturais e psicológicos, o que o torna um desafio complexo de resolver. Apesar da sua complexidade, a transparência é vista como fundamental para o combater. Na Colômbia e noutros países, o governo eletrónico e as leis de livre acesso à informação pública aumentaram a disponibilidade de informação para os cidadãos, com o objetivo de melhorar o controlo das acções governamentais.

No entanto, as práticas de corrupção nos contratos públicos continuam a ser um problema significativo em muitos países, ultrapassando por vezes os casos de corrupção do passado. Na Colômbia, sectores como a saúde, a educação, a agricultura, as infra-estruturas, a exploração mineira, a cobrança de impostos e as pensões foram afectados pela corrupção nos últimos anos. Para combater esta corrupção, é necessário que os cidadãos colaborem na supervisão, uma vez que os organismos de controlo do Estado não dispõem frequentemente de recursos suficientes para controlar todos os processos de contratação.

Para que os cidadãos possam exigir responsabilidades, precisam de ter acesso à informação sobre as acções do governo e dos funcionários. A este respeito, propõe-se a utilização efectiva das novas tecnologias para combater a corrupção nos contratos públicos. Embora a informação sobre os processos de contratação pública esteja amplamente disponível, o seu tratamento é dificultado pela quantidade e velocidade dos dados, bem como pelos formatos não processáveis por máquinas em que são apresentados.

Por outro lado, o crowdsourcing, uma abordagem que aproveita as capacidades da multidão para resolver problemas, tornou-se uma ferramenta útil na aquisição de dados e na geração de informações.

Este livro apresenta os resultados de uma investigação que se centrou na forma de utilizar o crowdsourcing para recolher dados sobre processos de contratação pública a partir de informações não estruturadas na Web. Os resultados e o processo da investigação são apresentados em diferentes secções, incluindo o enunciado do problema, a metodologia, o desenvolvimento de uma aplicação de crowdsourcing e a avaliação dos dados recolhidos.

CAPÍTULO 2

2. PROBLEMA

[1]Para explicar a relação entre os governos e os cidadãos, pode recorrer-se à teoria da agência que, segundo Smith, se aplica a qualquer situação em que uma ou mais pessoas delegaram o poder de decisão a outra(s) pessoa(s). Esta teoria ilustra a relação entre dois actores fundamentais: o principal, que representa aqueles que delegam autoridade, que neste caso serão os cidadãos; e o agente, que representa aqueles que recebem a autoridade delegada, ou seja, os funcionários públicos eleitos. Nesta relação, os cidadãos são os mandantes e, em contrapartida, os governos são os agentes que trabalham para os cidadãos. Ao delegar algum poder de decisão no agente, o mandante espera que este defenda os seus interesses e maximize os seus lucros, gerindo corretamente a capacidade discricionária de agir que lhe foi conferida.

[2]A teoria da agência permite-nos analisar o problema da corrupção que é facilitada quando o agente possui mais informação do que o principal, o que, segundo Schedler, se designa **por assimetria de informação**. É indiscutível que o comitente tem o direito de conhecer exatamente todas as acções do agente (ou toda a informação que possui) para que este não actue contra os seus interesses. Mas, quando se criam assimetrias de informação na relação mandante-mandatário, facilita-se a corrupção do mandatário, que pode atuar para favorecer os seus interesses pessoais em detrimento dos interesses do mandante.

Com o objetivo de acabar com o monopólio da informação e procurando reduzir a discricionariedade do agente, muitos países aumentaram a transparência através de leis de eGovernment e *de Liberdade de Informação* (FOL), colocando a informação pública à disposição dos cidadãos, incluindo a informação sobre contratos públicos. No entanto, um problema que atualmente se coloca quando se tenta **extrair conhecimento** sobre o que se passa com os contratos públicos é que a informação disponibilizada se destina à leitura e interpretação humana e, na maioria dos casos, não é publicada em formatos processáveis por máquinas, situação que dificulta o processamento automático com as modernas técnicas informáticas.

Dispor de conjuntos de dados abertos e completos sobre os processos de adjudicação de contratos em formatos adequados tornou-se uma promessa não cumprida pelos governos, que ainda está longe de o ser. Recentemente, com a adesão de muitos países à iniciativa *"Dados Governamentais Abertos*" (DGO), estão a ser disponibilizados pequenos catálogos de dados abertos que, em alguns casos, fornecem informações estruturadas, mas esta é a exceção e não a regra.

Por outro lado, tendo em conta que o crowdsourcing é atualmente utilizado para a recolha de dados e a produção de informações, esta investigação centra-se na questão de saber se a utilização do crowdsourcing como um novo método de recolha de dados é adequada para a produção de conjuntos de dados (estruturados)

---

[1] SMITH, Robert, e BERTOZZI, Mark. Principals and agents: An explanatory model for public budgeting. Journal of Public Budgeting. In: Accounting & a Financial Management. 1998, vol.10, no 3, p.325.

[2] SCHENDLER, Andreas, Plattner, Mark, e Diamond, Larrry. Conceptualizing Accountability in The self restraining state: power and accountability in new democracies. s.l : Lynne Riener Publishers, 1999. p.395.

no domínio dos contratos públicos.
Com base na combinação dos diferentes elementos apresentados, é formulada a seguinte questão, que constitui a espinha dorsal da investigação:
Como gerar conjuntos de dados sobre processos de contratação pública a partir de informações não estruturadas publicadas na Web utilizando o crowdsourcing como método de recolha de dados?

CAPÍTULO 3

3. JUSTIFICAÇÃO

Dada a relevância e a magnitude do problema da corrupção na contratação pública, é necessário trabalhar em todas as frentes possíveis para combatê-lo, a questão é como fazê-lo. [3]Embora ainda não existam respostas definitivas para essa questão, quando se trata de entender e enfrentar algo tão complexo, pode-se aplicar a abordagem das contradições de Mao TSE-TUNG , que indica que quando uma contradição é complexa, é porque outras contradições estão envolvidas e é necessário encontrar a contradição principal, pois ela influencia a existência e o desenvolvimento de outras contradições. Por isso, quando se estuda uma contradição na qual estão inseridas outras contradições, é preciso dedicar todos os esforços para encontrar a contradição principal, porque uma vez compreendida esta contradição principal, todas as outras contradições podem ser resolvidas.

[4]Em relação ao problema da corrupção, Fan afirma que a transparência é a principal contradição, explicando que a falta dela não permite que a sociedade conheça as acções das entidades estatais e dos seus funcionários, criando condições que favorecem as práticas corruptas, tornando-as menos arriscadas e mais atractivas. É por isso que em muitos países, incluindo a Colômbia, a informação sobre contratos públicos foi disponibilizada aos cidadãos através do governo eletrónico, aumentando a transparência. No entanto, como referido, é possível que o problema não resida na transparência em si, uma vez que a disponibilidade de informação não garante que os factos mais relevantes, incluindo indícios de anomalias e casos de corrupção, sejam conhecidos para resolver o problema da corrupção nos contratos públicos.

[5][6]Oriol salienta que a tecnologia desempenha um papel na corrupção, e autores como Criado afirmam que é necessário investigar como as novas tecnologias podem ser utilizadas de forma eficaz para ajudar os cidadãos a combater e a prevenir a corrupção. Neste sentido, a Web 2.0 ou a Web colaborativa tem um grande potencial que precisa de ser explorado.

Como já foi referido, esta proposta de investigação investiga a utilização do crowdsourcing como um novo método de recolha de dados no domínio da contratação pública, com o objetivo de utilizar este novo método para gerar conjuntos de dados que possam ser posteriormente utilizados para desenvolver modelos analíticos (preditivos e descritivos) que ajudem a compreender e/ou conhecer o que acontece na contratação em estudo.

[7]É de salientar que, atualmente, em todo o mundo, a informação sobre aquisições não é publicada na íntegra, mas pode ser utilizada para realizar estudos importantes

---

[3] TSE-TUNG, M. On Contradiction [em linha]. agosto de 1937 [acedido em 8 de fevereiro de 2016]. Disponível em: http://www.marxists.org/reference/archive/mao/selected-works/volume-1/mswv1_17.htm.

[4] FAN, y., ZHANG, z., e YUE, q. Administração pública eletrónica, transparência e anti-corrupção: como pode a administração pública eletrónica reduzir eficazmente a corrupção na China? In: *International* Conference on Management of e-Commerce and e-Government. s.l: IEEE, 2009. p.101.

[5] ORIOL, P, Joan. Novas tecnologias, democracia e eficácia das instituições políticas. In: Revista de Sociología. 2005, vol.78, p.151.

[6] CRIADO, Op. Cit. p.2037.

[7] FASEKAS, Mihály, TÓTH, János, e KING, Peter. Anatomia da grande corrupção: Um índice composto de risco de corrupção baseado em dados objectivos. Budapeste: Centro de Investigação da Corrupção de Budapeste, 2013. p. 9.

como os realizados por Fasekas , onde, com base em dados publicados e com a ajuda de um pequeno grupo de colaboradores, consegue medir o *índice de risco de corrupção* (IRC). [89]Da mesma forma, autores como Barr afirmam que a utilização de modelos para estudar a corrupção pode produzir resultados e impactos importantes na sociedade, apesar da falta de dados completos de primeira classe, e se tivermos em conta que as práticas corruptas deixam a sua marca nos registos oficiais (de acordo com a experiência de Fasekas no seu estudo sobre a corrupção), então existem atualmente algumas condições básicas (não ideais) que permitem a realização de estudos como o proposto nesta investigação.

---

[8] BARR, Joshua, PINILLA, Edgar, e FINKE, Jorge. Uma perspetiva jurídica sobre a utilização de modelos na luta contra a corrupção, In: South Carolina Journal of International Law and Business. 2012, vol.8, no.2, p.266.

9FASEKAS, Mihály, TÓTH, János, e KING, Peter: Corruption manual for beginners: Corruption techniques in public procurement with examples from Hungary. Budapeste: Centro de Investigação da Corrupção de Budapeste, 2013. p.10.

4. OBJECTIVOS

4.1 OBJECTIVO GERAL

Desenvolver um método de recolha de dados baseado em crowdsourcing que permita a geração de conjuntos de dados de processos de contratação pública a partir de informação não estruturada publicada na Web.

4.2 OBJECTIVOS ESPECÍFICOS

- Definir as fases, os elementos e as caraterísticas do método de recolha de dados baseado no crowdsourcing proposto para gerar conjuntos de dados sobre os processos de contratação pública.
- Desenvolver um protótipo de aplicação de crowdsourcing que suporte o método definido e permita a participação de voluntários na transcrição de dados de contratos públicos, gerando dados em bruto dos processos de contratação indicados.
- Conceber e aplicar um procedimento e técnicas para obter dados finais resultantes da agregação e do consenso dos dados brutos gerados pelos indivíduos para os processos de contratação pública.
- Avaliar o método proposto e a exatidão dos dados finais por comparação com dados fiáveis, indicando se este novo método de recolha de dados é adequado para a geração de conjuntos de dados no domínio dos contratos públicos.

5. QUADRO DE REFERÊNCIA

5.1 QUADRO CONCEPTUAL

O projeto decorre no contexto do e-Government, o que torna necessário começar com uma definição precisa deste termo. A partir daí, serão exploradas outras ideias-chave oferecidas pelo governo eletrónico, como a transparência, a corrupção e a responsabilidade. Será também introduzido o conceito de Web 2.0 e crowdsourcing, que são áreas em que este projeto se centra. Além disso, serão abordados alguns conceitos adicionais relacionados com a cadeia média e os algoritmos evolutivos, que surgiram durante o desenvolvimento do projeto e foram considerados relevantes para a sua compreensão.

5.1.1 A administração pública eletrónica.

[10]Na esfera ibero-americana, o governo eletrónico é definido como administração eletrónica, tal como estabelecido pelo Centro Latino-Americano de Administração para o Desenvolvimento (CLAD), que o descreve como "a utilização das TIC nos organismos governamentais para melhorar a informação e os serviços oferecidos aos cidadãos, para orientar a eficácia e a eficiência da gestão pública e para aumentar substancialmente a transparência do sector público e a participação dos cidadãos" . [11][12]Mahmood salienta que o governo eletrónico melhora a interação entre os governos e os cidadãos, enquanto Ndou identifica várias oportunidades associadas, como a redução de custos, o aumento da eficiência, a melhoria da qualidade dos serviços, a transparência, a luta contra a corrupção, a responsabilização, o reforço da capacidade do governo, a criação de redes e comunidades, a melhoria da tomada de decisões e a promoção da utilização das TIC de várias formas na sociedade.

5.1.2 Transparência

[13][14]Para Relly e Sabharwal, na literatura não existe unanimidade quanto à definição de transparência, mas esta pode ser definida, segundo Florini, como o grau em que a informação é disponibilizada a pessoas exteriores à administração pública para que estas possam influenciar as decisões. A informação divulgada pela transparência tem como objetivo permitir que muitos olhos examinem as entidades governamentais. [15]É por esta razão que Valcerde indica que o conceito de

---

[10] CLAD. Carta Ibero-Americana de Governo Eletrónico. [em linha]. Santiago do Chile: novembro de 2007 [acedido em 8 de fevereiro de 2016]. Disponível online: http://old.clad.org/documentos/declaraciones/cartagobelec.pdf/view

[11] MAHMOOD, Rumel. Poderão as tecnologias da informação e da comunicação ajudar a reduzir a corrupção? How so and why not: Two case Studies from South Asia. In: Perspectives on Global Development and Technology, 2006, vol.3, no.3, p.347.

[12] NDOU, Valentina. Governo eletrónico para os países em desenvolvimento: oportunidades e desafios. In: The Electronic Journal of Information Systems in Developing Countries (EJISDC), 2005, vol.18, no.1, p.15.

[13] RELLY, J. E., e SABHARWAL, Meghna. Perceptions of transparency of government policymaking: A cross-national study [Percepções de transparência da elaboração de políticas governamentais: um estudo transnacional]. Government Information Quarterly, 2009, vol.26, no.1, p.148.

[14] FLORINI, Ann. The Right to Know: Transparency for an Open World [O Direito de Saber: Transparência para um Mundo Aberto]. s.l: Columbia University Press, 2007, 376 pp.

[15] VALCERDE, M. (2004). Transparência, acesso à informação e responsabilidade: Experiências da União Europeia e do México. In: IX Congreso Internacional del CLAD sobre la reforma del estado y la administración pública. Madrid: Clad, 2004, p.8.

transparência envolve a abertura e o fluxo de informação dos organismos públicos para o domínio público, permitindo que as potenciais partes interessadas revejam e analisem a informação de modo a detetar possíveis anomalias.
[16]Tesoro afirma ainda que a transparência é o dever dos poderes políticos de submeter à análise do público informações sobre a sua gestão, a gestão dos dinheiros públicos que lhes são confiados pela sociedade e os critérios que utilizam para fundamentar as suas decisões. A transparência deve permitir saber como é formulado, executado e avaliado o orçamento da nação, porque é tudo dinheiro dos contribuintes e é essa informação que exige total transparência. [17]É por isso que Gascó diz que os governos transparentes não escondem informação e estão abertos ao escrutínio público.

5.1.3 Responsabilidade

A transparência desempenha um papel crucial na promoção da responsabilização, entendida como a capacidade de os cidadãos examinarem e avaliarem as acções das entidades governamentais e dos seus representantes. [18]De acordo com Cees e Mark , a responsabilização política implica que os políticos sejam responsáveis pelas suas acções e sejam recompensados ou punidos em conformidade.

5.1.4 Corrupção

A Transparência Internacional define a corrupção como o uso indevido do poder para benefício pessoal, uma definição que, embora genérica, lança alguma luz sobre o conceito. É importante notar que a corrupção se refere ao manuseamento indevido de fundos públicos e à fraude no domínio dos fundos privados.
[19]Por outro lado, as Nações Unidas descrevem a corrupção como o resultado de uma combinação de monopólio de poder e de tomada de decisões discricionárias e irresponsáveis. Esta definição destaca dois aspectos fundamentais que favorecem a corrupção: a concentração de poder e a falta de transparência. [20]Outras definições gerais, como "o abuso do poder público em proveito privado", não conseguem captar totalmente o conceito devido à sua complexidade, tal como foi debatido no Congresso Internacional de Direito Penal da Associação Internacional de Direito Penal, uma vez que a noção de corrupção pode variar consideravelmente de país para país.
[21]O Banco Mundial interpreta o termo abuso como a aceitação ou solicitação de subornos para ganho pessoal, independentemente do benefício público, referindo ainda que a corrupção pode ser dividida em: corrupção política e burocrática,

---

[16] TESORO, José. Transparencia y tecnologías de gestión: la viabilidad de sistemas con transparencia en la administración pública. In: Estado y Sociedad, vol1, no.33, p.33.
[17] GASCÓ, Mila. O papel das instituições no desenvolvimento do governo eletrónico na América Latina: algumas reflexões. In: Revista Chilena de Administración Pública, 2009, vol.1, no.14, p.37.
[18] CEES, Van der Eijk e Mark Franklin. Elections and voters: Assessing electoral democracy. Londres: Palgrave Macmillan, 2009, p. 213.
[19] NAÇÕES UNIDAS. Convenção das Nações Unidas contra a Corrupção. [em linha] Nova Iorque: 2004.
[acedido em 09 de fevereiro de 2016]. Disponível em linha:
http://www.unodc.org/pdf/corruption/publicationsunodcconvention-s.pdf
[20] BUSCAGLIA, Edgardo, e DIJK, Van. Controlar o Crime Organizado e a Corrupção no Setor Público. In: Forum on Crime and Society, 2004, vol.3, no.1, p.3.
[21] BANCO MUNDIAL. Ajudar os Países a Combater a Corrupção: O Papel do Banco Mundial. [online]. setembro de 1997. [acedido em 9 de fevereiro de 2016]. Disponível online: http://www1.worldbank.org/publicsector/anticorrupt/corruptn/cor02.htm

corrupção isolada e sistémica e práticas corruptas do sector privado. [22]Para Nicholls et al. a corrupção política e burocrática é a corrupção que envolve a apropriação indevida de fundos provenientes da riqueza do Estado, efectuada por políticos ou funcionários públicos (também designada por grande corrupção).

[23]De Graaf e Huberts indicam que a corrupção isolada se aplica a situações de corrupção que ocorrem individualmente e não como uma norma na sociedade, enquanto a corrupção sistémica ocorre quando as actividades corruptas são uma norma na sociedade e ocorrem a todos os níveis.

Para além da existência de definições precisas para o termo corrupção, o que é crucial é o seu alcance e repercussões, uma vez que se trata de um problema de grande complexidade e dificuldade de resolução, dada a sua inter-relação com vários problemas sociais, económicos, jurídicos e culturais, entre outros. [24]Estudos como o de Oriol salientam que a corrupção é também influenciada pela eficiência induzida pela tecnologia.

É neste contexto que o desenvolvimento do projeto se centra, especificamente na utilização de tecnologias e sistemas que fazem parte da Web Social. Conceitos como o crowdsourcing são de particular interesse e são descritos de seguida.

5.1.5 Web social

[25]De acordo com Murugesan, não existe uma definição universalmente aceite na literatura para o termo Web 2.0, que foi cunhado por Tim O'Reilly em 2005 e definido da seguinte forma:

A Web 2.0 é definida como uma plataforma em que a rede engloba todos os dispositivos ligados. As aplicações Web 2.0 tiram partido das vantagens inerentes a esta plataforma, oferecendo software como um serviço que é constantemente atualizado e melhorado à medida que o número de utilizadores aumenta. Estas aplicações também permitem a combinação e o consumo de dados provenientes de uma variedade de fontes, incluindo utilizadores individuais, e fornecem os seus próprios dados e serviços para que possam ser combinados por outros. [26]Esta abordagem encoraja a criação de redes através de uma arquitetura participativa e ultrapassa a metáfora da página da Web 1.0, procurando proporcionar experiências enriquecedoras aos utilizadores .

[27]Porter analisa a definição acima referida e salienta que, na Web 2.0 (também conhecida como Web colaborativa ou Web social), as aplicações tradicionais de ambiente de trabalho são abandonadas a favor de novos serviços oferecidos através de plataformas e tecnologias Web que não estão estreitamente integradas, mas que permitem a interação dos utilizadores. Isto contrasta com os meios de comunicação convencionais que têm um único endereço e/ou uma interação limitada com o consumidor. Por outro lado, os meios de comunicação social permitem uma

---

[22] NICHOLLS, Collins, et al. Corruption and misuse of public office. Oxford: Oxford University Press, 2006, p.20.

[23] DE GRAFF, Gjalt, e HUBERTS, Leo. Retratando a natureza da corrupção usando um desenho de estudo de caso exploratório. In: Public administration review, 2008, vol.68, no.4, p.640.

[24] ORIOL, Op. Cit. p.173.

[25] MURUGESAN, San. Entendendo a Web 2.0. In: IT Professional, 2007, vol.9, no.4, p.34.

[26] O'REILLY, Tim. Web 2.0: Definição compacta? [em linha] outubro de 2005. [acedido em 9 de fevereiro de 2016]. Disponível online: http://radar.oreilly.com/2005/10/web-20-compact- definition.html

[27] PORTER, Joshua. Designing for the Social Web. s.l: New Riders Press, 2008, p.5.

interação diversificada e extensiva de muitos para muitos, ou seja, entre utilizadores entre si e entre utilizadores e entidades. Na Web social, o termo "meios de comunicação social" é utilizado para designar os meios de comunicação gerados através da interação social dos utilizadores através das tecnologias da Web 2.0 (incluindo os conteúdos criados pelos utilizadores). Os meios de comunicação social mais conhecidos incluem blogues, wikis, fóruns, bookmarking social, ferramentas de edição colaborativa e serviços de redes sociais.

5.1.6 Crowdsourcing

[28]O termo crowdsourcing foi cunhado pela primeira vez em 2006 na revista Wired por Jeff Howe, que o descreveu como "a ação de subcontratar uma função normalmente desempenhada por um empregado de uma empresa ou instituição a um grupo indefinido (e normalmente grande) de pessoas através de um convite aberto" . [29]Brabham descreve o crowdsourcing como um novo modelo de negócio que é especialmente útil para tarefas que requerem uma grande variedade de pontos de vista diferentes ou soluções para problemas, e que é geralmente efectuado em linha.

Desde que o termo surgiu, foram propostas várias definições para representar a sua evolução. Constatando que o seu significado concetual pode causar confusão com outros termos próximos, como a inovação aberta, também a co-criação e o mais controverso: inteligência colectiva. Alguns relacionam-na com a computação humana ou social, indicando que se trata de um paradigma emergente na computação. A fim de proporcionar clareza concetual, Estellés e González propuseram uma definição integradora de crowdsourcing após a análise de mais de 40 definições publicadas.

O crowdsourcing é definido como uma atividade participativa em linha em que uma pessoa, instituição, organização sem fins lucrativos ou empresa convida um grupo de indivíduos, com conhecimentos, competências e quantidades variáveis, através de um convite aberto e flexível, a executar voluntariamente uma tarefa específica. Esta tarefa pode variar na sua complexidade ou modularidade e requer a participação da multidão, que pode contribuir com mão de obra, dinheiro, conhecimentos e/ou experiência. Esta colaboração implica sempre um benefício mútuo: o utilizador obtém a satisfação de uma necessidade específica, seja ela económica, de reconhecimento social, de autoestima ou de desenvolvimento pessoal, enquanto o crowdsourcer recebe e utiliza a contribuição do utilizador em seu benefício, cuja forma dependerá do tipo de atividade. [30]

[31]Estellés e González propõem também 8 critérios para avaliar se uma iniciativa é ou não crowdsourcing: (1) A multidão (pessoas que participam nas tarefas); (2) crowdsourcer, entidade (pessoa ou organização, etc.) que postula as tarefas; (3) A tarefa, o que é necessário fazer; (4) A plataforma, sistema de software (normalmente) utilizado para apoiar o processo.

---

[28] HOWE, Jeff. A ascensão do crowdsourcing. In: Wired Magazing, 2006, vol.14, no.6, p.61.

[29] BRABHAM, Darem. Crowdsourcing como modelo para resolução de problemas: Uma introdução e casos. In: Convergence: The International Journal of Research into New Media Technologies, 2008, vol.14, p.75.

[30] ESTELLÉS, Enrique, GONZÁLEZ, LADRÓN-DE-GUEVARA. Rumo a uma definição integrada de crowdsourcing. In: Journal of Information Science, 2012, vol.38, no.2, p.189.

[31] Ibid., p. 190.

O crowdsourcing está atualmente a dar os primeiros passos e está a evoluir à medida que surgem novas aplicações.

5.1.7 Cadeia média

[32][33]A definição inicial de cadeia média foi apresentada por Kohonen, que começou por definir o conceito da seguinte forma: dado um conjunto de cadeias, a cadeia média é definida como a cadeia que tem a soma das distâncias mínimas de todas as cadeias do conjunto. A definição acima é representada pela seguinte expressão matemática (equação 1):

$$m_S = \underset{s\in\Sigma^*}{\operatorname{argmin}} \sum_{i=1}^{n} d(s, s^i) \qquad (1)$$

[1]onde ms denota a cadeia média a ser encontrada dado um conjunto de cadeias S1= {S , S2, ... ^{n}, S } constituído por elementos de um alfabeto Σ, em que Σ* indica que as cadeias têm um comprimento finito e d é a medida de dissemelhança ou distância definida de acordo com a aplicação.

A Figura 6-1 pretende ilustrar que a cadeia média a ser encontrada a partir de um conjunto de cadeias dadas deve satisfazer a condição de que a soma das distâncias a partir dela a todas as cadeias dadas deve ser mínima.

Figura 5-1. Representação das distâncias para a cadeia intermédia

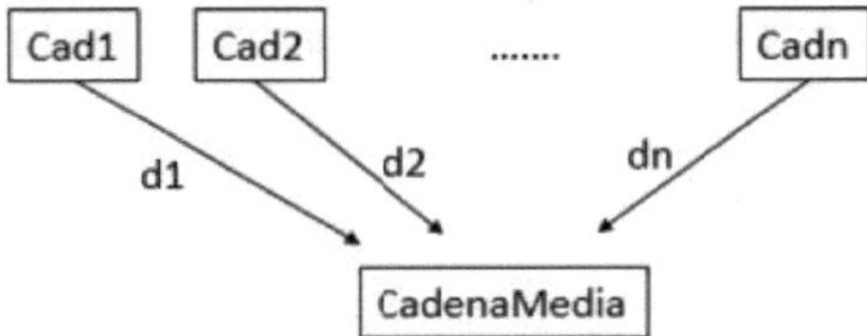

Fonte: elaboração própria

As distâncias d¿ podem ser medidas de várias formas, mas a mais conhecida é a métrica de Levenshtein, que nos permite encontrar a distância entre duas cadeias de caracteres, ou seja, é uma medida que representa o quão diferentes são as cadeias de caracteres. A Tabela 6-1 apresenta exemplos que mostram que, à medida que a distância de Levenshtein aumenta, as palavras tornam-se menos semelhantes.

Tabela 5-1. Exemplo de espaçamento entre correntes

Cadeia 1	Cadeia 2	Distância
casa	casa	0
casa	caça	1
cessar	caça	2
casa	**cão**	5
abed	**deve**	4

Fonte: elaboração própria

[32] Neste trabalho, o conceito de median string é expresso pelo termo generalizado median string, o que pode gerar confusão porque a tradução de median é mediana, mas o conceito refere-se de facto à median string.

[33] KOHONEN, Teuvo. Median strings. *Pattern Recognition Letters*, 1985, vol. 3, no 5, p. 309-313.

Ao tentar encontrar a cadeia média, deve ser gerado e explorado um espaço de pesquisa, que consiste em todas as cadeias de caracteres que podem ser criadas com todas as combinações possíveis dos elementos do alfabeto Σ. O problema consiste então em procurar neste espaço até encontrar uma cadeia cuja soma das distâncias em relação ao conjunto de cadeias de entrada seja a mínima.

Os algoritmos evolutivos podem ser utilizados para resolver problemas como encontrar a cadeia média, que é precisamente o que se discute a seguir.

5.1.8 Algoritmos evolutivos

Os algoritmos evolutivos são historicamente um ramo da inteligência artificial, uma vez que foram utilizados nos anos 60 para acrescentar inteligência a máquinas de estado finito, mas atualmente são utilizados para resolver uma grande variedade de problemas computacionalmente difíceis de resolver, ou seja, aqueles que não têm uma solução em tempo polinomial, como por exemplo o problema do agente viajante, o problema da mochila, o problema de encontrar um ciclo hamiltoniano, e problemas da vida real como: otimização do corte de barras, otimização do corte de tecidos, otimização de áreas de estacionamento, etc. Em todos estes problemas, para entradas relativamente pequenas, o tempo de resposta executado no melhor computador do mundo demoraria o tempo em que o universo foi criado até hoje. Por conseguinte, é necessário atacar estes problemas com estratégias alternativas em que o tempo de resposta seja razoável.

Abaixo estão listadas algumas abordagens ou formas diferentes de implementar algoritmos evolutivos:

- Algoritmo genético: são os algoritmos criados por Holland, que deu início à computação evolutiva. Caracteriza-se pelo facto de o cromossoma estar codificado em zeros e uns, e todas as funções serem aplicadas a expressões de zeros e uns. É necessário ter uma função de descodificação.
- Programação genética: utilizada para criar programas automaticamente para resolver problemas específicos, toda a estrutura é baseada em árvores.
- Evolução gramatical: a partir de algumas regras gramaticais, os programas são criados gerando outras regras gramaticais mais robustas e testadas para o problema específico.
- Programação da expressão genética: um programa é criado com o conceito de uma árvore, mas a sua expressão é um vetor de caraterísticas dessa árvore lido da esquerda para a direita por nível.
- Programação evolutiva: muito semelhante ao algoritmo genético, mas o cromossoma não é codificado, a parte fenotípica é a mesma que a parte genotípica. Os operadores são definidos caso a caso, se aplicável. A abordagem original foi aplicada em máquinas de estados finitos.
- Estratégias evolutivas: existe uma função objetivo com muitos parâmetros de tipo flutuante, estes parâmetros são modificados lentamente com uma estratégia chamada ruído gaussiano. A sobrevivência dos indivíduos baseia-se na manutenção dos parâmetros daqueles que melhor satisfazem o objetivo.
- Sistemas classificadores: consiste em criar novas regras a partir de algumas regras através do algoritmo genético, que é quem faz as combinações e os testes de aptidão das novas regras criadas. É semelhante à aprendizagem de um perito e, no final, torna-se num sistema pericial.

• Arrefecimento simulado: cada indivíduo é aceite se satisfizer pelo menos uma das seguintes condições: se for melhor do que o anterior, é aceite; se for pior, é aceite desde que satisfaça uma função de arrefecimento de probabilidades, ou seja, mesmo que o indivíduo seja mau inicialmente, pode ser aceite, mas, ao longo do tempo, se não melhorar, será rejeitado porque o limiar de aceitação é cada vez menor.

A abordagem selecionada para este projeto foi a programação evolutiva, uma vez que será utilizada uma cadeia de caracteres como representação da solução e as entradas são também cadeias de caracteres, o que implica que não existe uma função de codificação ou descodificação para as cadeias de caracteres com que se trabalha.

5.2 QUADRO TEÓRICO

Seguem-se outras teorias que destacam as possibilidades oferecidas pela Internet e por certas tecnologias ligadas à Web Social na luta contra a corrupção. A utilização do crowdsourcing na recolha de dados, os problemas relacionados com o cálculo da cadeia média e uma breve descrição do funcionamento geral de um algoritmo genético são também abordados.

[34]**5.2.1 As tecnologias sociais da Web e a sua utilização na luta contra a corrupção** Shim e Eom defendem que os meios de comunicação social da Web 2.0 são considerados uma das ferramentas mais eficazes na luta contra a corrupção. [35]De acordo com Bertot et al. , estes meios de comunicação social permitem a criação de capital social, que é fundamental para reduzir a corrupção, promovendo uma cultura de transparência e de deteção de práticas corruptas. [36]Neste contexto, Chen salienta que a utilização destas tecnologias permite aos cidadãos ultrapassar as restrições impostas pelas elites que controlam os meios de comunicação tradicionais, facilitando o direito à livre expressão de qualquer indivíduo interessado nos assuntos públicos que deseje expor críticas, factos e números relacionados com possíveis actos de corrupção.

A Web social funciona como um megafone que amplifica a atenção do público para estes casos, ao mesmo tempo que proporciona anonimato aos participantes e permite a rápida divulgação de informações sobre corrupção em formato digital, ultrapassando as limitações de tempo e espaço. Além disso, a interatividade das redes sociais facilita a atração e a mobilização de um grande número de pessoas, tirando partido do poder das multidões, que podem facilmente seguir, comentar e recolher provas de corrupção através de plataformas como fóruns ou blogues.

5.2.2 Qualidade dos resultados do Crowdsourcing

[37]De acordo com Erickson , o crowdsourcing representa uma nova abordagem para resolver problemas, aproveitando as capacidades perceptivas e cognitivas de um vasto grupo de pessoas através da Web 2.0. A Internet tem desempenhado um

---

[34] SHIM, Dong, EON, Tae, HONDEGHEM, A. e PERRY, James. Anticorruption effects of information communication and technology (ICT) and social capital. In: International Review of Administrative Sciences, 2009, vol.75, no.1, p.99.

[35] BERLOT, op. cit. p 266.

[36] CHEN, op. cit. p 87.

[37] ERICKSON, Thomas. Geocentric Crowdsourcing and Smarter Cities: Enabling Urban Intelligencein Cities and Regions. In: 1st International conference on ubiquitous computing. Copenhaga: ACM, 2010, p.4.

papel crucial no desenvolvimento e evolução deste conceito, fornecendo a tecnologia que suporta a Web 2.0. Isto permite que estas iniciativas tenham acesso a um grande número de indivíduos de todo o mundo, o que alarga consideravelmente o seu âmbito e diversidade de participantes.
Ao aplicar o conceito de crowdsourcing, foi desenvolvida nos últimos anos uma grande variedade de aplicações em mais de 70 plataformas existentes, como a Amazon Mechanical Turk, a Crowdflower e a CloudCrowd. Uma prática comum na utilização do crowdsourcing envolve a publicação de tarefas como pedidos de informação aos trabalhadores da multidão e a oferta de uma recompensa (como incentivos financeiros ou reconhecimento).
[38]De acordo com Quinn , um dos principais desafios das aplicações de crowdsourcing é o controlo da qualidade dos resultados obtidos. Dada a natureza aberta do crowdsourcing, os dados recolhidos através deste processo podem conter erros. Assim, estão disponíveis várias estratégias para contribuir para a qualidade, tais como:
(1) [39]Redundância / Agregação de resultados: Segundo Duan, a estratégia de agregação de resultados consiste em introduzir redundância, pedindo a várias pessoas que realizem o mesmo trabalho e, em seguida, reunindo os resultados para obter uma resposta mais fiável. Em suma, o objetivo da agregação é descobrir a verdade oculta nas respostas dadas pelos trabalhadores à pergunta ou atividade.
(2) [40]Dados dourados: De acordo com Oleson , o controlo da qualidade através de dados dourados baseia-se nas chamadas perguntas douradas, cujas respostas são previamente conhecidas e que podem ser avaliadas automaticamente para avaliar a qualidade do trabalho realizado. Este processo de validação é simples e não requer tempo adicional ou intervenção humana. A percentagem de respostas corretas é verificada em relação a um limiar definido pelo candidato a crowdsourcer para determinar a aceitação ou rejeição das respostas fornecidas pelo participante.
(3) [41]Revisões multinível: também designadas por revisões multinível, segundo Quinn , implicam a participação de um segundo grupo de trabalhadores para corroborar as respostas dadas pelo primeiro grupo (este método pode envolver mais de dois níveis).
(4) [42]Revisão por peritos: De acordo com Benatallah , os resultados apresentados pelos trabalhadores são revistos antes do pagamento e da aceitação. Isto é eficaz, mas gera mais custos, o que afecta a escalabilidade, já para não falar da necessidade de especialistas na matéria.

---

[38] QUINN, Alexander, e BEDERSON, Benjamin. Computação humana: um levantamento e taxonomia de um campo em crescimento. In: Conferência sobre Factores Humanos em Sistemas Informáticos. Vancouver: ACM, 2011, p.1403.
[39] LEI, Duan, SATOSHI, Oyama, HARUNHIKO, Sato, e MASAHITO, Kurihara. Separado ou conjunto? Estimativa de múltiplos rótulos a partir de anotações de crowdsourcing. In: Expert Systems with Applications, 2014, vol.41, no.13, p.5723.
[40] OLESON, David, et al. Programmatic gold: Garantia de qualidade direcionada e escalável em crowdsourcing. In: 25.ª Conferência da AAAI sobre Inteligência Artificial. São Francisco: Associação para o Avanço da Inteligência Artificial, 2011, p.43.
[41] QUINN, op. cit. p 1404.
[42] BENATALLAH, A., et al. Quality Control in Crowdsourcing Systems: Issues and Diretions. In: IEEE Internet Computing, 2013, vol.17, no.2, p.76.

(5) [43]Reputação e pré-seleção: Paolacci sugere que os trabalhadores para uma tarefa específica podem ser pré-selecionados com base na sua reputação. Também lhes pode ser pedido que respondam a perguntas pré-definidas para os testar antes de executarem as tarefas.
(6) [44]Outros métodos: Por exemplo, Tweddle e colegas sublinham a importância de explorar outros métodos, como a formação dos participantes. Para além disso, disponibilizar diferentes recursos que ajudem e contribuam para a realização das tarefas que lhes são atribuídas.
Podem ser exploradas várias combinações dos mecanismos de controlo de qualidade acima referidos para melhorar os resultados. No entanto, a agregação de respostas surge como a principal abordagem para implementar o controlo de qualidade, uma vez que aproveita a inteligência colectiva que pode emergir da contribuição da multidão. Apesar destes desafios, o crowdsourcing provou a sua eficácia ao aproveitar as capacidades dos seres humanos. Por este motivo, é designado por Human Intelligence Tasks (HITs).
[45]Por último, de acordo com Papadopoulou, o crowdsourcing está atualmente a ser utilizado para recolher dados ou gerar informações. [46][47][48][49][50]Prova disso é o número de aplicações de crowdsourcing que abordaram a aquisição de dados, a integração de dados, a extração de dados, a extração de informação e a recuperação de informação, como se pode encontrar em Amsterdamer , Zhang , Sun , Gokhale e Yan , entre outros.
[51]De acordo com Papadopoulou , o crowdsourcing está atualmente a ser utilizado em processos de recolha de dados e de geração de informação, representando uma abordagem relativamente nova ao processo de geração de conhecimento. [52][53]Este facto é evidenciado pelo número de aplicações de crowdsourcing que se têm centrado na recolha, integração, exploração, extração e recuperação de dados e

---

[43] PAOLACCI, Gabriele, CHANDLER, Jesse, e IPEIROTIS, Panagiotis. Executando Experiências no Amazon Mechanical Turk. In: Judgment and Decision Making, 2010, vol.5, no.5, p.411.
[44] TWEDDLE, J., L. ROBINSON, D., POCOCk, M.J.O., ROY, H.E. Guide to citizen science: developing, implementing and evaluating citizen science to study biodiversity and the environment in the UK. [em linha] S.l: Museu de História Natural e NERC Centre for Ecology & Hydrology for UK-EOF, 2012, 36 p. [acedido em 9 de fevereiro de 2016]. Disponível em linha: http://www.nhm.ac.uk/content/dam/nhmwww/take-part/Citizenscience/citizen-science-guide.pdf
[45] PAPADOPOULOU, op. cit. p 115.
[46] AMSTERDAMER, Yael, GROSSMAN, Yael, MILO, Tova, e SENELLART, Pierre. Crowd mining. In: Conferência Internacional sobre Gestão de Dados. s.l: ACM, 2013, p.241.
[47] ZHANG, Chen, CHEN, Lei, JAGADISH, H.V., e CAO, Chen. Reduzindo a incerteza da correspondência de esquemas via crowdsourcing. In: Very Large Database Endowment. 2013, vol.6, no.9, p.757.
[48] SUN, Chong, RAMPALLI, Narasimhan, YANG, Frank, e DOAN, Anhai. Chimera: classificação em larga escala usando aprendizado de máquina, regras e crowdsourcing. In: Very Large Database Endowment. 2014, vol.7, no.13, p.1529.
[49] GOKHALE, Chaitanya, et al. Corleone: Hands-off crowdsourcing for entity matching. Em: Conferência Internacional ACM SIGMOD sobre Gestão de Dados. Snowbird: ACM, 2014, p.601.
[50] YAN, Tingxin, KUMAR, Vikas, e GANESAN, Deepak. Crowdsearch: Explorar as multidões para uma pesquisa precisa de imagens em tempo real nos telemóveis. In: 8th international conference on Mobile systems, applications, and services. São Francisco: ACM, 2010, p.77.
[51] PAPADOPOULOU, op. cit. p 115.
[52] PAPADOPOULOU, op. cit. p 115.
[53] SUN, Chong, RAMPALLI, Narasimhan, YANG, Frank, e DOAN, Anhai. Chimera: classificação em larga escala usando aprendizado de máquina, regras e crowdsourcing. In: Very Large Database Endowment. 2014, vol.7, no.13, p.1529.

informações, como se pode observar nos trabalhos de Amsterdamer , e Zhang , entre outros.

5.2.3 Cálculo da cadeia média

O conceito de string média é equivalente ao de vetor médio mas, neste caso, o conjunto de dados é constituído por cadeias de caracteres, pelo que o seu cálculo não é simples. [54][55]Segundo Nicolas, o cálculo da cadeia média é de grande importância em várias áreas de investigação porque, por outras palavras, a cadeia média resume a informação partilhada pelo conjunto inicial de cadeias de caracteres a partir do qual foi calculada e, dependendo da aplicação, serve subsequentemente, por exemplo, como: um índice em pesquisas no caso de bases de dados e extração de dados, como um padrão que é utilizado para pesquisar em textos mais longos (biologia computacional) ou, como descrito por Gusfield, para fins de classificação no reconhecimento de fala e biologia computacional.

Neste trabalho, a cadeia média é utilizada para representar a agregação de entradas de texto geradas por diferentes pessoas em iniciativas de Crowdsourcing. Uma vez que encontrar a string média exacta pode não ser uma opção viável, ao abordar este problema, é necessário encontrar soluções que permitam encontrar uma boa aproximação, mas com um custo computacional razoável.

5.2.4 Funcionamento geral de um algoritmo evolutivo

O funcionamento geral de um algoritmo evolutivo consiste nas seguintes etapas:

- **Inicialização**: é criado um conjunto de cromossomas com valores aleatórios, em que cada cromossoma é uma solução possível para o problema a resolver ou otimizar. O conjunto de cromossomas gerados na inicialização é armazenado num espaço de memória designado por warehouse.
- **Avaliação:** nesta fase, é atribuído ao cromossoma um valor de aptidão ou uma pontuação para saber até que ponto está próximo de resolver o problema.
- [56]**Seleção para reprodução**: um subconjunto da população de cromossomas existente na cave é selecionado e depois submetido a uma série de funções geralmente designadas por funções de reprodução (cruzamento ou mutação) ou de sobrevivência. Existem várias estratégias para selecionar os cromossomas depois de determinar quantos ou qual a percentagem a passar para a reprodução, por exemplo:

o Escolher os dez melhores cromossomas, ou seja, os dez com a melhor função de aptidão.

o Selecionar aleatoriamente 10 cromossomas do conjunto de cromossomas.

o Amostragem por lote, em que os cromossomas com a melhor função de aptidão têm maior probabilidade de serem escolhidos.

o Utilizando o método da roleta, é gerado um valor aleatório e a partir deste valor, através de uma relação de recorrência simples, são formados outros valores

[54] NICOLAS, François; RIVALS, Eric. Complexidades dos problemas da cadeia central e mediana. In: Simpósio anual sobre correspondência de padrões combinatórios. Springer Berlin Heidelberg, 2003. p. 315.

[55] GUSFIELD, Dan. Algorithms on strings, trees and sequences: computer science and computational biology. Cambridge University Press, 1997.

[56] O termo função de sobrevivência vem da biologia quando se trata da permanência ou extinção de indivíduos.

aleatórios em falta.

o Por torneio, selecionam-se aleatoriamente três cromossomas e, de entre estes, escolhe-se o que tem o melhor valor de aptidão e repete-se o procedimento até se escolher o número definido de cromossomas.

- **Recombinação**: são aplicadas diferentes funções de reprodução aos cromossomas selecionados para gerar novos descendentes. Entre as funções a aplicar estão o cruzamento e a mutação. Nem todos os cromossomas descendentes serão bons, mas o processo de recombinação permite gerar alguns cromossomas melhores. Este procedimento é efectuado até se atingir um ponto em que os novos cromossomas não são melhores do que os que estão na cave, um sinal que serve para parar o algoritmo evolutivo.
- **Substituição**: existem muitas formas de substituir os cromossomas antigos na cave por novos cromossomas descendentes, sendo as mais utilizadas as seguintes

o Os dez cromossomas gerados substituirão os dez cromossomas mais maus da cave.

o Se forem gerados muitos cromossomas, toda a cave é substituída por todos os cromossomas da descendência.

o Apenas os cromossomas que superam ou vencem os piores cromossomas são substituídos; muitos dos cromossomas gerados são piores do que os piores cromossomas da cave.

Ao implementar um algoritmo evolutivo, os elementos mostrados na Figura 6-2 devem ser gerados.

Figura 5-2. Principais elementos a implementar na computação evolutiva

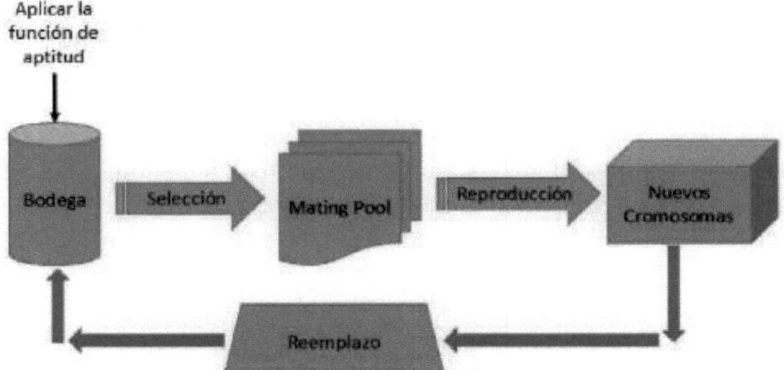

Fonte: elaboração própria

Estes elementos aparecem durante a execução do algoritmo evolutivo da seguinte forma: o conjunto é criado na inicialização, contendo os cromossomas aos quais é aplicada a função de aptidão na avaliação. Posteriormente, durante a seleção, os cromossomas selecionados são copiados para a reserva de acasalamento. Para prosseguir com a reprodução, são criados novos cromossomas que, durante a substituição, podem ocupar o lugar dos piores cromossomas no armazenamento, completando o processo que pode ser repetido até que os novos cromossomas não melhorem os que estão no armazenamento ou até que seja completado um número definido de iterações.

Como existem n soluções possíveis no armazém, todos os algoritmos a implementar devem ser computacionalmente económicos e eficazes.

5.3 QUADRO JURÍDICO

5.3.1 Transparência e livre acesso à informação pública na Colômbia

As leis e regulamentos sobre transparência e livre acesso à informação pública são fundamentais para promover a responsabilização, reforçar a democracia e garantir um governo aberto e responsável na Colômbia e a nível internacional.

5.4 ESTADO DA ARTE

5.4.1 Situação atual dos dados sobre contratos públicos disponíveis na Internet

A Internet e as tecnologias conexas reduziram o custo da recolha, distribuição e acesso à informação governamental, incluindo a informação sobre contratos públicos.

[57]A informação e os registos sobre a despesa pública são geralmente divulgados através de portais ou sítios Web específicos, conhecidos, segundo Matheus, como portais de transparência; estes portais estão relacionados com os sectores da administração pública em linha designados por *Government-to-Citizen* (G2C) e *Government-to-Business* (G2B).

Atualmente, muitos países dispõem de portais de transparência onde são publicadas informações sobre contratos públicos, alguns dos quais fazem parte de sistemas de contratação pública eletrónica e existem dois tipos: os mais recentes, que apoiam todo o processo de contratação, e os mais antigos, que são basicamente um repositório de documentos gerados em processos de contratação que são realizados fisicamente.

A situação atual no que respeita aos dados sobre contratos públicos publicados pela administração pública em linha é semelhante em muitos países do mundo, onde os dados são publicados e disponibilizados aos cidadãos em formatos que não são processáveis por máquinas, porque se destinam à leitura e interpretação humanas, uma condição que dificulta o processamento automático com técnicas computacionais modernas.

Recentemente, com a adesão de muitos países à iniciativa *"Open Government Data"* (OGD), alguns conjuntos de dados abertos em formatos estruturados estão a ficar disponíveis para os contratos públicos, mas estes não incluem nem abrangem necessariamente todas as informações associadas aos processos de contratação.

O formato não é o único problema dos dados dos contratos públicos; outro problema é a falta de normalização em aspectos como a informação a publicar. [58][59]Por esta razão, o Banco Mundial, procurando resolver diferentes problemas que surgem atualmente com a informação que o governo eletrónico trata sobre os contratos públicos, apoiou a *Open Contracting Partnership* (OCP) na criação da *Open Contracting Data Standard* (OCDS), que é uma norma de dados aberta para a

---

[57] MATHEUS, Ricardo, RIBERIRO, Manuella, VAZ, José, e SOUZA, Cesar. Uso da Internet para controle e participação social: o que os governos locais estão fazendo na América Latina? In: 4th International Conference on Theory and Practice of Electronic Governance. Beijing: ACM, 2010, p.333.

[58] http://www.open-contracting.org/

[59] http://standard.open-contracting.org/latest/en/#

publicação de informação estruturada que abrange todas as fases de um processo de contratação: do planeamento à execução.

Alguns países estão atualmente a trabalhar no sentido de aplicar as melhores práticas na gestão da informação sobre contratos públicos e estão a adotar o OCDS, prevendo-se que as novas gerações de sistemas de contratação pública eletrónica o suportem para que as partes interessadas possam ter acesso a dados completos em formatos adequados.

5.4.2 Utilização do crowdsourcing na recolha de dados sobre contratos públicos

Na revisão da literatura científica, não foram encontrados estudos em que o crowdsourcing seja utilizado como método de recolha de dados sobre processos de contratação pública. No entanto, existem alguns projectos desenvolvidos na esfera social que se interessam pela informação sobre contratos públicos, mas os resultados destas iniciativas não foram publicados na literatura científica. [60]Um dos mais importantes é a iniciativa OpenSpending , que visa facilitar o controlo e a análise da informação financeira pública a nível mundial, disponibilizando uma plataforma para o carregamento e a análise de informações.

O crowdsourcing é um conceito que está amplamente difundido. A pesquisa bibliográfica mostrou que o crowdsourcing está a ser utilizado de forma multidisciplinar, abrangendo muitos domínios de estudo, como os negócios e a gestão, a medicina, a ciência e a sociologia ambiental, e não se limitando à informática.

Existem diferentes mecanismos para controlar a qualidade dos resultados, ver secção 5.2.2.

[60] https://openspending.org/

6. METODOLOGIA

Para atingir o objetivo proposto, é proposta a seguinte metodologia.

Tabela 6-1. Metodologia de investigação proposta

Não	NOME DA ETAPA	OBJECTIVO
1	Definição do método proposto	Definir as fases, os elementos e as caraterísticas do método de recolha de dados baseado no crowdsourcing proposto para gerar conjuntos de dados de processos de contratos públicos; os resultados desta fase são apresentados na secção 7.
2	Desenvolvimento do protótipo da aplicação de crowdsourcing	Esta fase tem por objetivo desenvolver um pequeno protótipo de aplicação de crowdsourcing que permitirá testar alguns elementos importantes que serão identificados quando o método proposto estiver disponível ; os resultados para esta fase são apresentados na secção 8.
3	Geração de dados brutos	A aplicação protótipo desenvolvida é utilizada e, com voluntários, são gerados alguns dados brutos para os processos de contratos públicos selecionados; os resultados desta fase são apresentados no Anexo D e discutidos na secção 10.
4	Desenvolvimento do mecanismo de controlo da qualidade	Conceber e aplicar um mecanismo de controlo da qualidade baseado na agregação dos resultados; os resultados desta etapa são apresentados na secção 9.
5	Geração de dados finais	Teste o mecanismo de controlo de qualidade definido na etapa anterior com alguns dados.
		Os resultados desta etapa são apresentados no Anexo E e discutidos na secção 10.
6	Avaliação do método proposto e da exatidão dos dados finais	Avaliar o método proposto e os dados finais em relação a dados fiáveis (gerados para este fim são fornecidos no Anexo C); os resultados desta etapa são apresentados na secção 10.

CAPÍTULO 7

7. MÉTODO DE RECOLHA DE DADOS PROPOSTO

Esta secção apresenta o método de recolha de dados baseado em crowdsourcing que foi concebido para gerar conjuntos de dados de processos de contratação pública a partir de informações não estruturadas publicadas na Web.

7.1 Processo definido para a conceção do método

O primeiro passo para iniciar a conceção do método foi definir um procedimento que facilitasse a sua elaboração. Os passos seguidos foram os seguintes:

- [61][62]Descrever como são efectuadas as tarefas de recolha de dados em plataformas de crowdsourcing generalizadas, como a Amazon Mechanical Turk (MTurk) e a Crowdflower .
- Descrever as caraterísticas dos métodos de recolha de dados baseados em Crowdsourcing que são encontradas através da realização de uma revisão da literatura científica.
- Descrever as caraterísticas dos diferentes portais de transparência (na Colômbia e noutros países) em relação à publicação de dados sobre contratos públicos.
- Descrever como seria efectuada a recolha manual de dados nas condições e caraterísticas apresentadas pelos portais de transparência.
- Definir as fases, os elementos e as caraterísticas do método de recolha de dados baseado no crowdsourcing a conceber.

Na realização das actividades acima referidas, foram encontrados vários resultados interessantes, bem como algumas surpresas:

- No caso das plataformas de Crowdsourcing, verificou-se que a MTurk é uma plataforma que pode ser designada como de uso geral, pois funciona como um mercado que liga empresas a indivíduos para a realização de todo o tipo de tarefas, incluindo tarefas que os computadores não são atualmente capazes de fazer. A Crowdflower é uma plataforma especializada no processamento de dados, integrando pessoas e máquinas nestes processos. A plataforma Crowdflower permitiu-nos identificar como abordar as tarefas de crowdsourcing e até como implementar um mecanismo de controlo de qualidade baseado na reputação (este aspeto importante é discutido na secção 12).
- Ao analisar a literatura científica, não foram encontrados métodos de recolha de dados baseados no crowdsourcing que pudessem servir de referência geral, embora existam numerosos trabalhos que utilizam o crowdsourcing para diferentes tarefas relacionadas com a recolha de dados.
- Ao analisar diferentes portais de transparência onde se publica informação sobre contratação, identificou-se que estes fazem por vezes parte dos sistemas de contratação eletrónica, encontrando-se dois tipos: os mais recentes que suportam todo o processo de contratação e outros mais antigos que são basicamente um repositório para os documentos gerados nos processos de contratação que se realizam de forma física. Por outro lado, identificou-se que estes portais possuem formulários que permitem a seleção de alguns critérios para orientar a pesquisa de

[61] https://www.mturk.com/mturk/welcome
[62] https://www.crowdflower.com/

informação sobre a contratação e os resultados das consultas são paginados com alguma informação mínima de todos os processos encontrados, dando a opção de aceder através de links a informação alargada do processo que pode ser encontrada diretamente na página ou em documentos que podem ser descarregados, geralmente em formato pdf. Por último, uma caraterística muito importante é que alguns portais incorporam o mecanismo CAPTCHA (*Completely Automated Public Turing test to tell Computers and Humans Apart*) para evitar que a descarga automática de informação seja programada. A Figura 8-1 e a Figura 8-2 mostram a validação CAPTCHA solicitada pelo sistema eletrónico de contratos públicos (Secop) na Colômbia quando se tenta aceder a informações sobre contratos públicos.

- O processo de recolha manual de dados sobre contratos públicos nas condições e caraterísticas apresentadas pelos portais de transparência é bastante simples para um ser humano, onde basicamente o interessado deve aceder ao URL do portal de transparência e no formulário de pesquisa deve indicar alguns critérios que permitam selecionar os processos de contratação de interesse, uma vez efectuada a consulta, os diferentes dados dos processos encontrados estão disponíveis e podem ser copiados.

- Com base nas informações obtidas, procedemos à definição das fases, dos elementos e das caraterísticas do método de recolha de dados baseado no crowdsourcing descrito abaixo.

Figura 7-1. Validação CAPTCHA solicitada pelo Secop para aceder a dados de contratos públicos

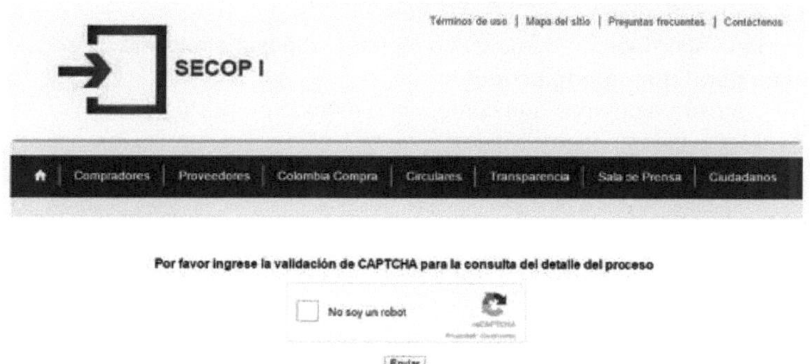

Fonte: Extraído do Secop

Figura 7-2. Exemplo de validação CAPTCHA utilizado pelo Secop

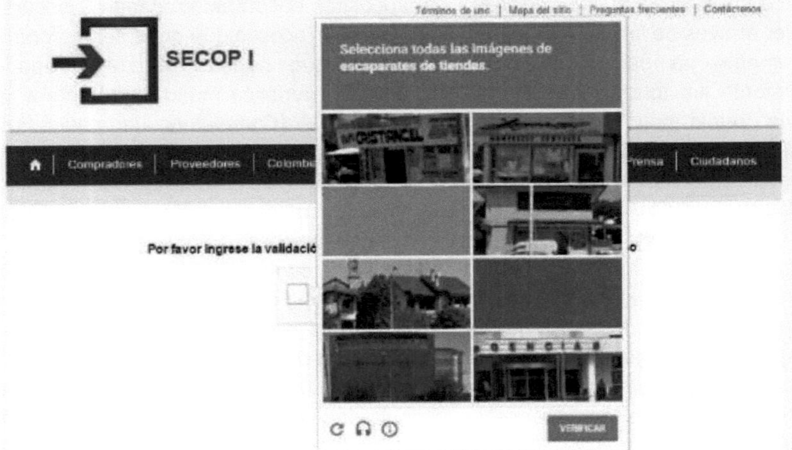

Fonte: Extraído do Secop

7.2 Descrição do método proposto

[63]O método descrito abaixo é adequado para utilização em países onde os governos disponibilizam aos cidadãos dados sobre contratos públicos em formatos não processáveis por máquina.

Utilizando uma abordagem "*top-down*", o método proposto é descrito de seguida.

7.2.1 Visão geral do método proposto

A figura 7-3 mostra as etapas que compõem o método proposto.

---

[63] Entre os países que se encontram nesta situação estão a Colômbia...

Figura 7-3. Fases do método proposto

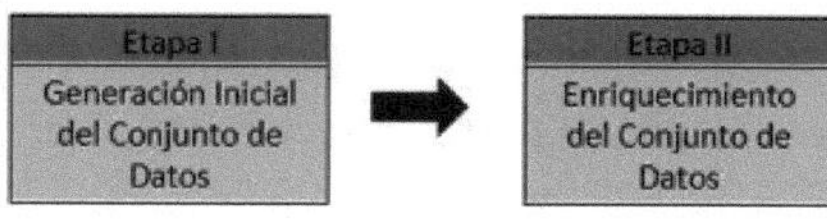

Fonte: Elaboração própria

A primeira etapa, designada "geração do conjunto de dados inicial", destina-se a permitir que as partes interessadas gerem um conjunto de dados inicial que contenha dados básicos sobre os processos de contratação de interesse.

Subsequentemente, na segunda fase, denominada "enriquecimento do conjunto de dados", o objetivo é complementar o conjunto de dados inicial, acrescentando mais dados de nível intermédio dos processos de interesse selecionados na fase anterior.

[64]Os dados a recolher correspondem, tanto quanto possível, aos dados definidos pela *norma de dados sobre contratos abertos* (*Open Contracting Data Standard* - OCDS), em que são estabelecidos três níveis de divulgação de informações para os processos de contratação básicos, intermédios e avançados.

Os níveis básico e intermédio do OCDS são descritos sucintamente a seguir.

O nível básico abrange os dados que, no mínimo, devem ser tratados pelos sistemas de contratação pública eletrónica e devem estar disponíveis na maioria dos portais de transparência. Estes dados fornecem aos utilizadores uma panorâmica dos processos de contratação e, de acordo com a OCDS, são os seguintes

- Nome do comprador e endereço.
- Identificadores do processo de aquisição, títulos, descrições, estatuto, método de aquisição.
- Período, descrição do objeto a contratar e quantidades.
- Documentos associados ao processo de aquisição.
- Identificadores de prémios, títulos, descrições, datas, valores.
- Nomes e endereços do fornecedor selecionado.
- Identificadores do contrato, títulos, estado, período, valores, descrição do objeto contratual e quantidades.
- A um nível básico, recomenda-se igualmente a publicação da documentação contratual e das informações de execução.

O nível intermédio do OCDS, para além dos campos de base, contém os seguintes dados

- Identificadores organizacionais para compradores e fornecedores
- Classificação pormenorizada do objeto a contratar, adjudicação e contratos.
- Informações de planeamento, incluindo pormenores orçamentais e documentação associada.
- Critérios de adjudicação, valores previstos e informações sobre a apresentação de propostas.

[64] O OCDS é considerado uma referência que define os dados sobre contratos públicos que devem estar disponíveis, mas existe atualmente uma grande diferença entre os dados publicados e os dados exigidos por esta norma. Este facto não permite que o método proposto gere conjuntos de dados sobre contratos públicos conformes com a OCDS.

- Informações sobre os períodos de consulta para o concurso.
- Informações sobre o número de organizações que apresentaram propostas e uma lista dos seus nomes.
- Documentação de contratação com dados de assinatura do contrato.
- Informações e datas das etapas para a execução do contrato.
- Documentos relacionados com a execução do contrato.
- A um nível intermédio, recomenda-se igualmente que sejam fornecidos dados relativos aos prémios e que sejam identificadas as informações de cada organização que apresenta uma proposta.

Continuando com a descrição do método, cada uma das etapas é constituída por um trabalho com um objetivo especial que é alcançado através da realização de tarefas específicas. A Figura 7-4 mostra o trabalho e as tarefas que constituem as etapas do método proposto.

Figura 7-4. Funções e tarefas do método proposto

Etapa I: Generación Inicial del Conjunto de Datos			Etapa 2: Enriquecimiento del Conjunto de Datos
Trabajo 1 Identificar	Trabajo 2 Lanzar	Trabajo 3 Describir	Trabajo 4 Enriquecer
Tarea 1-1 Seleccionar procesos			
Tarea 1-2 Verificar selección →	Tarea 2-1 Configurar y publicar proyecto →	Tarea 3-1 Recolectar Datos Básicos →	Tarea 4-1 Recolectar Datos Intermedios

Fonte: Elaboração própria

A primeira tarefa da etapa 1 é designada por "identificar" e tem por objetivo permitir que os interessados em gerar o conjunto de dados indiquem o portal de transparência onde os dados sobre contratos públicos estão disponíveis e definam quais os processos de contratação que interessam.

Para realizar o que precede, são definidas duas tarefas: a primeira tarefa (tarefa 1-1) denominada "selecionar" é precisamente a que permite às partes interessadas definir o portal de transparência juntamente com os critérios a utilizar para selecionar os processos de contratação de interesse; a segunda tarefa (tarefa 1-2) denominada "verificar" permite confirmar que os dados fornecidos na tarefa anterior estão corretos e proceder à criação do projeto de crowdsourcing para avançar com a recolha de dados.

O segundo trabalho da fase 1 é denominado "lançamento" e visa permitir que as partes interessadas ou os gestores de projectos de geração de dados configurem as caraterísticas do projeto de crowdsourcing e lancem ou publiquem o projeto à multidão de potenciais trabalhadores. Exemplos de caraterísticas a serem definidas nesta fase são o número de respostas (ou contribuições) necessárias para as tarefas de crowdsourcing e os incentivos a serem fornecidos, entre outros. As acções acima referidas são executadas na tarefa 2-1 denominada "configurar e publicar".

A última tarefa da fase 1 (tarefa 3) chama-se "descrever" e é a que permite a recolha de dados de base dos trabalhadores das plataformas digitais selecionados para esta tarefa. Isto é feito na tarefa 3-1, designada "recolher dados de base".

Continuando com a descrição do método, na fase 2 existe a tarefa 4, denominada "enriquecer", que visa permitir complementar o conjunto de dados inicial adicionando mais dados de nível intermédio dos processos selecionados ou dos processos de interesse. Para o efeito, é definida a tarefa 4-1 denominada "recolher dados intermédios", em que os trabalhadores da multidão selecionados para realizar esta tarefa recolhem os dados intermédios indicados.

É importante sublinhar que o método proposto tenta recolher os dados definidos na OCDS ao nível básico e intermédio, mas na prática os portais de transparência não fornecem todos os dados exigidos pela norma. Da mesma forma, o método não contempla a recolha de dados definidos no nível avançado da OCDS, porque estes dados não estão disponíveis nos portais de transparência. Os dados do nível avançado correspondem a outras fontes de dados que são adicionais ao processo de contratação e não estão necessariamente disponíveis publicamente na Web.

7.2.2 Descrição pormenorizada do método proposto

Seguindo a abordagem *"Top-down"*, o método é apresentado novamente, primeiro através de um diagrama de actividades que fornece uma visão geral do método e do fluxo de passos que define (ver Figura 8-5), depois, no Quadro 8-1, é finalmente apresentada a estrutura completa do método, definindo elementos que foram designados por activos, que correspondem aos inputs necessários para realizar um determinado passo, e outputs, que correspondem ao produto que é gerado como resultado da realização de um determinado passo.

Figura 7-5. Diagrama de actividades do método proposto

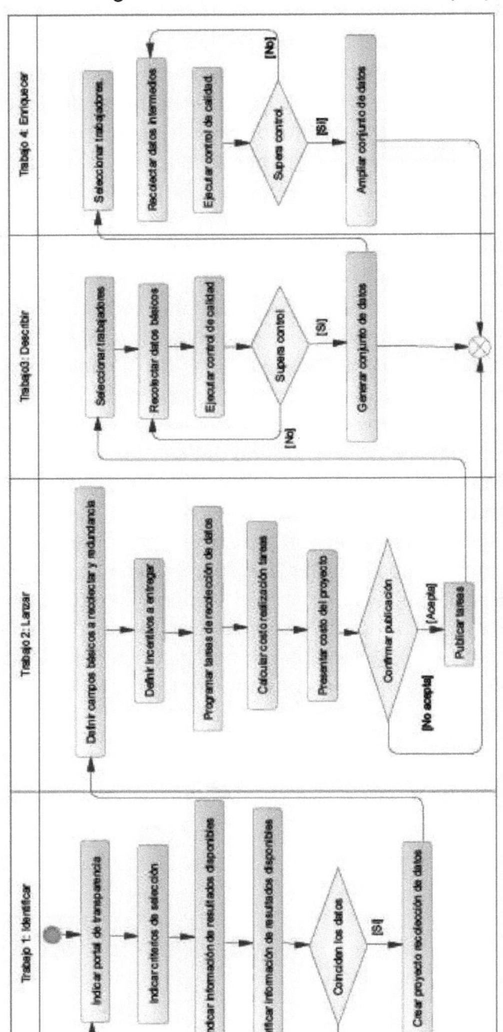

Fonte: elaboração própria

Tabela 7-1. Descrição pormenorizada do método proposto

Trabajo	Tarea	Ciclo PHVA	Activos	Pasos	Salidas
Trabajo 1 Identificar	Tarea 1-1 Seleccionar procesos	P		1. Indicar portal de transparencia	(a) Url del portal de transparencia
		P		2. Indicar criterios para seleccionar procesos de contratación	(b) Lista de criterios para seleccionar los procesos de contratación de interés
		H	(a) Url del portal de transparencia	3. Ir al portal de transparencia ingresando los criterios de búsqueda definidos e indicar el número de registros (procesos de contratación) disponibles y el número de páginas que contienen los resultados	(c) Número de registros, (d) Número de páginas
	Tarea 1-2	V	(a) Url del portal de transparencia	4. Ingresar al portal de transparencia e indicar si está en funcionamiento	(e) Url del portal de transparencia verificada
		H	(b) Lista criterios de selección de procesos de contratación	5. Ingresar al portal de transparencia ingresando los criterios de búsqueda definidos e indicar el número de registros (procesos de contratación) disponibles y el número de páginas que contienen los resultados	(f) Número de registros, (g) Número de páginas

	Verificar selección	V	(c) Número de registros, (d) número de páginas	6. Verificar que el número de registros (c y f) y el número de páginas (d y g) sea el mismo	(h) Número de registros verificado, (i) Número de páginas verificado
		A		7. Crear proyecto recolección de datos	(j) Nombre del proyecto, descripción y otros datos solicitados
		P	(h) Número de registros verificado, (i) Número de páginas verificado	8. Definir los datos o campos de nivel básico e intermedio a recolectar y el número de contribuciones o respuestas requeridas	(k) Datos (campos) a recolectar y número de contribuciones (respuestas) requeridas
		P	(h) Número de registros verificado, (i) Número de páginas verificado	9. Definir el incentivo a entregar para motivar y activar la participación de los trabajadores en las tareas de recolección de datos básicos e intermedios a publicar (tareas 3-1 y 4-1)	(l) Incentivos a entregar en las tareas de recolección de datos básicos e intermedios
Trabajo 2	Tarea 2-1	H	Todos las salidas/datos (a) a (l)	10. Programar las tareas de recolección de datos básicos e intermedios (tareas 3-1 y 4-1) para el subconjunto de procesos seleccionados	(m) Planificación de las tareas de captura de datos básicos e intermedios
Lanzar	Configurar y publicar proyecto				

		H	(m) Planificación de las tareas de captura de datos básicos e intermedios	11. Calcular costo de realización de las tareas	(n) Costo del proyecto de recolección de datos
		V	(n) Costo del proyecto de recolección de datos	12. Presentar costo del proyecto de recolección de datos y solicitar confirmación	(o) Confirmación del proyecto
		A	Todos las salidas/datos (a) a (o)	13. Publicar las tareas utilizando otra plataforma de Crowdsourcing y reclutar trabajadores de la multitud	(p) Listado de trabajadores postulados para realizar las tareas del trabajo 3 y el trabajo 4
		P	(p) Listado de trabajadores postulados para realizar las tareas del trabajo 3	14. Seleccionar los trabajadores para realizar la tarea de recolección de datos básicos	(q) Listado de trabajadores seleccionados para realizar la tarea 3-1
Trabajo 3	Tarea 3-1	H	(m) Planificación de las tareas de captura de datos básicos (Urls, páginas y rango de registros asignados)	15. Acceder a las Urls y páginas indicadas e identificar los registros y datos básicos solicitados, copiar (preferiblemente siempre que sea posible) o trascribir éstos datos	(r) Datos básicos en bruto (sin agregar) de los procesos seleccionados

Describir	Recolectar datos básicos	V	(r) Datos básicos en bruto (sin agregar) de los procesos seleccionados	16. Ejecutar procedimiento de aseguramiento de calidad agregando resultados. (Las tareas que no pasen la verificación se repiten -> regresar a 15)	(s) Datos básicos de los procesos seleccionados (agregados)
		A	(s) Datos básicos de los procesos seleccionados (agregados)	17. Generar datos básicos de los procesos de contratación seleccionados incluyendo el listado de Urls donde se provee la información detallada	(t) Conjunto de datos inicial de los procesos de contratación pública seleccionados
Trabajo 4	Tarea 4-1	P	(p) Listado de trabajadores postulados para realizar las tareas del trabajo 4	18. Seleccionar los trabajadores para realizar la terea de recolección de datos intermedios	(u) Listado de trabajadores que realizaran la tarea 4-1
		H	(m) Planificación de las tareas de captura de datos básicos (Urls, páginas y rango de registros asignados)	19. Acceder a las Urls y páginas indicadas e identificar los registros y datos intermedios solicitados, copiar (preferiblemente siempre que sea posible) o trascribir éstos datos	(v) Datos intermedios de los procesos seleccionados (sin agregar)

Fonte: elaboração própria.

A Tabela 8-1 apresenta o método proposto em pormenor, mas antes de prosseguir com a explicação de cada tarefa e do seu conjunto de passos, é útil destacar alguns aspectos:

- Em primeiro lugar, a terminologia e os elementos utilizados na definição do método estão em conformidade com o termo crowdsourcing. [65]A referência concetual utilizada para abordar o método que abrange os aspectos essenciais do crowdsourcing foi a taxonomia formulada por Hosseini et al. na qual são definidos quatro pilares fundamentais: a multidão de pessoas, o *crowdsourcer*, *a* tarefa ou atividade e a plataforma.
- Em segundo lugar, o método proposto define claramente as especificações para os quatro pilares do crowdsourcing de acordo com a taxonomia de Hosseini, ou seja,

[65] HOSSEINI, M., PHALP, K., TAYLOR, J. e R. Ali. [th]The Four Pillars of Crowdsourcing: A Reference Model, In: 8 International Conference on Research Challenges in Information Science. Marraquexe: IEEE, 2014, p.28.

estabelece *as* tarefas (*a tarefa*) a serem executadas pela *multidão* e pelo *crowdsourcer*. [66]Adicionalmente, são definidos dois elementos, os activos e os resultados, associados às tarefas, que foram sugeridos na tipologia definida para o crowdsourcing por Dunn e Hedges, uma vez que são muito convenientes para a definição do método, pois permitem indicar os inputs e os outputs de cada tarefa. A plataforma pode ser desenvolvida através da definição dos requisitos a cumprir com base nas especificações definidas pelo método.

- Quatro, o conjunto de passos que compõem as tarefas são definidos de acordo com o ciclo de vida PHVA (Plan, Do, Check, Act), entendendo a sua aplicação da seguinte forma: alguns passos das tarefas correspondem a aspetos de planeamento (P), como por exemplo, estabelecer onde se encontra a informação ou que informação é necessária, seguidos de fazer (H), que corresponde a executar o que foi planeado, por exemplo, ir à fonte de informação e recolher os dados necessários; Finalmente, em função dos resultados da verificação, o passo seguinte é a ação (A), que neste caso corresponde à geração dos resultados desejados, como a criação do conjunto de dados.

Para completar a apresentação do método, explica-se de seguida o conjunto específico de etapas que constituem cada uma das tarefas.

7.2.2.1 Selecionar: Tarefa 1-1

O objetivo desta tarefa é permitir que os interessados em gerar o conjunto de dados indiquem o portal de transparência onde estão disponíveis os dados dos processos de contratação e definam quais os processos de interesse. Para o efeito, são definidas três etapas. No passo (1), a parte interessada (*crowdsourcer*) deve indicar o URL do portal de transparência onde os dados podem ser encontrados, este valor constituirá o resultado (a) e no passo (2) deve indicar os critérios que serão utilizados para selecionar os processos de contratação de interesse, resultado (b). Por exemplo, o utilizador pode estar interessado apenas na contratação de uma determinada entidade pública, cidade ou departamento, etc. As opções disponíveis para selecionar os processos dependerão do portal de transparência.

No último passo desta tarefa, o passo (3), o output (a) é utilizado como ativo e o interessado deve entrar no portal de transparência aí indicado e efetuar uma pesquisa utilizando os critérios definidos no output (b), que também é tomado como ativo neste ponto (no método, os outputs gerados nos passos anteriores são utilizados como activos). [67]Em seguida, com base nos resultados obtidos, o interessado deve indicar alguns dados importantes que serão utilizados posteriormente para programar as tarefas de recolha de dados. Estes dois dados serão os outputs a gerar neste ponto: o número de processos (registos) de interesse encontrados, output (c) e o número de páginas Web utilizadas para apresentar a informação destes processos de recrutamento, incluindo quantos registos são apresentados por página, output (d).

Nesta tarefa, os passos (1) e (2) são o planeamento (P), o passo (3) corresponde ao fazer (H). A verificação (V) e a atuação (A) são realizadas nas etapas da tarefa

---

[66] DUNN, S., HEDGES, M., Crowd-sourcing como componente de infraestruturas de investigação em humanidades, In: International Journal of Humanities and Arts Computing. 2013, vol.7, no.2, p. 161

[67] Dados relacionados com a paginação de resultados utilizados por sítios Web ou aplicações Web para apresentar informações aos utilizadores.

seguinte.

7.2.2.2 Verificar: Tarefa 1-2

Com os resultados da tarefa anterior, pode continuar a criar o projeto de crowdsourcing que lhe permitirá recolher os dados, mas primeiro deve verificar se o URL do portal de transparência (resultado a), o número de registos (resultado b) e o número de páginas (resultado c) estão corretos.

A verificação é o objetivo da tarefa 1-2. Para este efeito, a etapa de verificação (4) (V) pede à parte interessada que entre no portal de transparência indicado na realização (a) para verificar se está operacional. Em seguida, na etapa (5), pede-se à parte interessada que, utilizando os critérios de seleção definidos na produção (b) para os processos de contratação, indique novamente, com base nos resultados da pesquisa, o número de registos e páginas obtidos em resultado da consulta, incluindo quantos registos são apresentados por página. Estes dois valores são os outputs (f) e (g), que são depois verificados no passo (6), verificando se são iguais aos valores inicialmente indicados nos outputs (c) e (g), respetivamente. Finalmente, no passo (7) procede-se à criação do projeto de recolha de dados que corresponde à tarefa (H), onde é gerada a saída (j) que contém dados como o nome e a descrição do projeto, entre outros.

7.2.2.3 Configurar e publicar: Tarefa 2-1

Uma vez criado o projeto de recolha de dados, as partes interessadas ou os gestores de projeto têm de configurar algumas caraterísticas do projeto antes de o lançarem ou de o publicarem junto da *multidão de* potenciais trabalhadores.

Para tal, são definidas várias etapas, começando pelos aspectos de planeamento (P). Em primeiro lugar, nas etapas (8) e (9), o interveniente deve definir, por um lado, os dados ou campos de nível básico e intermédio a recolher e o número de contribuições ou respostas necessárias (resultado k) e, por outro lado, os incentivos a dar para motivar e ativar a participação dos trabalhadores (resultado l).

Em seguida, as etapas (10) e (11) prosseguem para fazer (H). No passo (10) são programadas as tarefas de recolha de dados básicos e intermédios para o subconjunto de processos selecionado (saída m). Para efetuar o agendamento, são utilizadas como activos as informações geradas nas etapas anteriores, como o número verificado de registos (saída h), o número verificado de páginas Web que apresentam os resultados, incluindo quantos registos são apresentados por página (saída i) e os campos a recolher e as respostas necessárias (saída k).

Em seguida, na etapa (11), o custo de execução das tarefas (output n) é calculado utilizando as informações de planeamento definidas na etapa anterior (output m) como activos.

Antes de publicar o projeto no passo (12) é realizada uma verificação (V), que consiste em apresentar a informação do custo do projeto de recolha de dados à parte interessada (*crowdsourcer*) para confirmar se concorda (output o), para finalmente proceder no passo (13) a fazer (H), que neste momento corresponde a publicar as tarefas utilizando outra plataforma de Crowdsourcing que procura recrutar potenciais trabalhadores. A lista de trabalhadores postulados para realizar as tarefas da tarefa 3 e da tarefa 4 corresponde ao output (p) gerado neste passo.

É importante salientar que o método define que a publicação das tarefas de recolha de dados (tarefa 3-1 e tarefa 4-1) seja realizada numa plataforma de crowdsourcing existente, a fim de facilitar o recrutamento de trabalhadores da multidão, devido ao facto de as plataformas existentes, como a Amazon Mechanical Turk, terem milhões de utilizadores registados. No entanto, a execução das tarefas publicadas para a recolha de dados é efectuada utilizando a plataforma desenvolvida para o efeito.

7.2.2.4 Recolha de dados de base: Tarefa 3-1

A primeira fase do método, designada por geração inicial do conjunto de dados, termina com o trabalho 3 (Descrever), que tem por objetivo permitir a recolha de dados de base junto dos trabalhadores da multidão selecionados para realizar este trabalho.

Para realizar o acima exposto, é definida a tarefa 3-1 designada "recolher dados básicos", que começa com a etapa de planeamento (14) (P) onde são selecionados os trabalhadores que irão realizar a recolha de dados básicos (output q). Nesta fase, o ativo a utilizar é a saída (p), que contém a lista de trabalhadores nomeados para executar a tarefa em questão.

De seguida, no passo (15), realiza-se o passo (H) em que os trabalhadores selecionados devem aceder aos URLs e páginas indicadas para identificar os processos de recrutamento (registos) e dados básicos solicitados, que devem copiar (preferencialmente sempre que possível) ou transcrever se as condições de apresentação da informação não o permitirem (por exemplo, em documentos digitalizados). Esta etapa utiliza o ativo (m) que é um dos mais importantes em todo o processo, pois contém o planeamento e o layout gerado para realizar a captura de dados básicos. Além disso, a saída (r) gerada nesta parte corresponde exatamente aos dados básicos brutos (não agregados) recolhidos dos processos de interesse.

Posteriormente, no passo (16), é realizada a verificação (V), que corresponde à execução do procedimento de controlo de qualidade definido com base na agregação de resultados. O ativo a utilizar é a saída (r) que contém os dados brutos de base que são agregados para gerar a saída (s) que contém os dados de base, mas desta vez agregados, onde apenas está disponível um valor para cada um dos campos ou variáveis solicitados; os dados de base que não cumpram os requisitos de qualidade estabelecidos devem ser recolhidos novamente, repetindo a tarefa.

A tarefa termina com o passo (17) em que, utilizando os dados agregados (output s), prosseguimos para o passo (A), que corresponde à geração inicial do conjunto de dados básicos dos processos de aquisição selecionados (output t), onde temos a lista de URLs onde a informação detalhada dos processos de interesse pode ser consultada.

7.2.2.5 Recolha de dados intermédios: Tarefa 4-1

A tarefa 4-1 "recolher dados intermédios" situa-se na segunda fase do método, denominada "enriquecimento do conjunto de dados", em que existe uma única tarefa denominada "enriquecer", que visa permitir complementar o conjunto de dados inicial, acrescentando mais dados de nível intermédio dos processos selecionados ou dos processos de interesse.

Para tal, é definida a tarefa 4-1, que estabelece um processo semelhante ao realizado na recolha de dados de base, mas desta vez centrado na recolha de dados de nível intermédio.

O processo começa com a etapa de planeamento (18) (P), onde são selecionados os trabalhadores que irão realizar a recolha de dados de nível intermédio (output u).

Nesta fase, o ativo a utilizar é o resultado (p) que contém a lista de trabalhadores nomeados para executar a tarefa em questão.
Em seguida, na etapa (19), passa-se à etapa (H), na qual os trabalhadores selecionados devem aceder aos URLs indicados para identificar os dados solicitados, que devem copiar ou transcrever. Neste passo, utiliza-se novamente o ativo (m) que, como já foi referido, contém o planeamento e a distribuição gerados para realizar a captura dos dados de nível intermédio. O output (v) gerado nesta parte corresponde aos dados brutos (não agregados) de nível intermédio recolhidos dos processos de interesse.
Posteriormente, na etapa (20), é realizada a verificação (v), que corresponde à execução do procedimento de controlo de qualidade definido com base na agregação de resultados. O ativo a utilizar é o output (v) que contém os dados brutos de nível intermédio que devem ser agregados para gerar o output (w) que contém o agregado dos dados em que apenas está disponível um valor para cada um dos campos solicitados; os dados que não cumpram os requisitos de qualidade estabelecidos devem ser novamente capturados repetindo esta tarefa.
A tarefa termina com o passo (21), em que, utilizando os dados agregados (output w), se passa ao passo (A), que corresponde ao enriquecimento do conjunto de dados inicial através da adição dos dados de nível intermédio recolhidos.

CAPÍTULO 8

8. PROTÓTIPO DE APLICAÇÃO DE CROWDSOURCING DESENVOLVIDO

Esta secção descreve o protótipo de aplicação de crowdsourcing que foi criado para testar alguns elementos do método de recolha de dados de recrutamento proposto. [68]A metodologia de desenvolvimento de software tomada como referência foi a Iconix, que permite conceber uma aplicação bastante completa para suportar todo o método de recolha de dados proposto.

Para a implementação do protótipo, foram selecionados apenas os requisitos definidos para o registo do utilizador, a criação do projeto de recolha de dados Crowdsourcing, a recolha de dados e o controlo de qualidade, a fim de realizar alguns testes importantes nesta investigação.

Os artefactos completos gerados no processo de desenvolvimento que descrevem a aplicação podem ser encontrados no Anexo A. Nesta secção do documento, são apresentados artefactos selecionados para dar uma ideia do sistema.

8.1 Fase de análise e requisitos

8.1.1 Definição dos actores do sistema

8.1.1. 1Crowdsourcer

Este utilizador do sistema está interessado em gerar conjuntos de dados estruturados com informações sobre os processos de contratação pública de interesse. O sistema permite-lhe criar projectos de crowdsourcing através dos quais o processo de recolha de dados será realizado e, uma vez concluída a recolha de dados, os dados podem ser descarregados ou publicados para que estejam disponíveis para os cidadãos interessados.

8.1.1.2 Crowdworker

Este utilizador do sistema é aquele que pode realizar as tarefas de recolha de dados do crowdsourcing. É uma pessoa que faz parte da multidão de utilizadores da Web interessados em participar e trabalhar neste tipo de iniciativas motivados por algum tipo de recompensa ou benefício.

8.1.1.3 Cidadão

O utilizador deste sistema pode aceder aos conjuntos de dados disponíveis sobre contratos públicos.

8.1.1.4 Administrador

Este é o superutilizador com poderes para executar todas as tarefas de administração do sistema relacionadas com projectos e utilizadores de crowdsourcing.

8.1.2 Descrição dos requisitos funcionais

A Tabela 8-1 mostra, a título de exemplo, alguns dos requisitos definidos que foram selecionados para orientar a implementação do protótipo; o código original atribuído a cada requisito no processo de conceção é mantido.

Tabela 8-1. Alguns requisitos para o protótipo de aplicação

Não / VISIBILIDADE	**DESCRIÇÃO**
	Gestão de utilizadores

[68] O ICONIX é uma metodologia de desenvolvimento de software que define um conjunto de métodos orientados para os objectos que cobrem todo o ciclo de vida de um projeto.

R11 / Visível	Quando um utilizador pretende registar-se no sistema, este solicitará as seguintes informações: • Nome completo • Sexo • Data de nascimento • Contacto telefónico (telefone fixo ou móvel) • País • Tipo de utilizador • Correio (e-mail) • Correio de confirmação (correio eletrónico) • Palavra-passe • Confirmação da palavra-passe Todos os campos são obrigatórios, a data deve estar no formato dia/mês/ano, existem três tipos de utilizador (crowdsourcer, crowdworker e cidadão), o e-mail deve estar no formato definido para um e-mail (xxx@yyy.zz) e a palavra-passe deve ter um comprimento mínimo de 8 caracteres combinando caracteres alfanuméricos. Além disso, os campos de correio eletrónico e de palavra-passe devem corresponder aos respectivos campos de confirmação.
	Gestão de projectos de crowdsourcing
R18 / Visível	Quando um utilizador do crowdsourcer está a fazer a seleção dos processos de contratação de interesse, o sistema solicita as seguintes informações relacionadas com a fonte, o portal de transparência, onde se encontram as informações sobre os contratos públicos: • Url do portal da transparência onde estão disponíveis informações sobre os processos de contratação pública. • Lista de controlo para indicar os critérios a utilizar para selecionar os processos de adjudicação de contratos de interesse Na Colômbia, o portal de transparência, um site que faz parte do SECOP (Sistema Eletrónico de Contratação Pública), tem os seguintes critérios disponíveis para selecionar os processos de contratação: Tipo de contratação, Departamento de execução, Data de, Data até, Montante, Número do processo, Estado, Município, Resultados por página (para utilizar esta aplicação noutros países, esta entrada deve ser ajustada de acordo com os critérios existentes no país). O sistema permitirá selecionar entre os critérios existentes na Colômbia e pelo menos dois destes critérios devem ser introduzidos.
R23 / Visível	Quando um crowdsourcer pretende criar um novo projeto de recolha de dados de crowdsourcing no sistema, este solicitará as seguintes informações: • Nome do projeto • Descrição • Prazo de entrega

	• Lista de palavras-chave Todos os campos são obrigatórios. A descrição tem um comprimento máximo de 600 caracteres, o prazo será no formato dia/mês/ano, são permitidas até cinco palavras-chave que não excedam 50 caracteres em conjunto. A criação do projeto só é efectuada se a verificação dos dados do agendamento da tarefa de crowdsourcing de recolha de dados for bem sucedida.
R27 / Visível	Quando um utilizador do crowdsourcer pretende definir a redundância necessária de respostas para os campos de nível básico a recolher no projeto, o sistema solicita ao utilizador: - Número de contribuições por domínio O campo é obrigatório e o valor a introduzir é de tipo inteiro.
R29 / Visível	Quando um utilizador do crowdsourcer pretende definir a precisão mínima exigida para os dados a recolher no projeto, o sistema solicita-lhe que o faça: - Precisão mínima O campo é obrigatório e o valor a introduzir é selecionado a partir de uma
	lista com as seguintes opções: 70, 80, 90.
R30 / Visível	Quando um utilizador do crowdsourcer pretende definir um incentivo financeiro para motivar a participação dos utilizadores, o sistema solicita-o: • Valor a pagar pela recolha de campos de nível básico por processo de contratação • Valor a pagar pela recolha de campos de nível intermédio por processo de contratação O campo é obrigatório se não for definido outro tipo de incentivo e se o valor a introduzir for duplo. A moeda utilizada é o peso colombiano.
	Recolha de dados
R44 / Visível	Quando um utilizador de um crowdworker pretende introduzir os dados de nível básico recolhidos num processo de recrutamento, o sistema solicita ao utilizador que o faça: • Campos de informação do comprador: nome da entidade, endereço, cidade, localidade, código postal, região, país, telefone, sítio Web, correio eletrónico, nome do contacto. • Campos com informações sobre o concurso e o processo de contratação: tipo de processo, estado do processo, regime de contratação, grupo (código e descrição), segmento (código e descrição), família (código e descrição), classe (código e descrição), pormenor e quantidade do objeto a contratar, montante a contratar, tipo de contrato. • Campos com informações sobre a adjudicação do processo: nome ou razão social do proponente selecionado, qualificação definitiva, data e hora da audiência de adjudicação. • Campos com informações sobre o calendário do processo: data

	e hora de abertura do processo, data e hora de encerramento do processo. Dos campos acima referidos, apenas os que tiverem sido definidos pelo utilizador como campos de interesse na configuração do projeto estarão disponíveis para a introdução de dados.
R46 / Visível	Quando o sistema executa o mecanismo de controlo de qualidade, deve calcular os dados finais do processo de recrutamento resultantes da agregação e do consenso dos dados brutos recolhidos. O mecanismo de controlo de qualidade corresponde a um algoritmo evolutivo disponível que calcula a cadeia média das entradas fornecidas.

Fonte: elaboração própria

8.1.3 Descrição dos requisitos não funcionais

Tabela 8-2. Alguns requisitos não funcionais da aplicação protótipo

Não	Descrição
RNF1	A aplicação deve ser desenvolvida com Java Server Faces (JSF 2.2) e PosgreSQL 9.5.
RNF2	A aplicação a desenvolver deve corresponder a uma aplicação web (WebApp) em arquitetura Cliente/Servidor.
RNF3	O protocolo http deve ser utilizado para a comunicação entre os clientes e o servidor, a fim de evitar problemas com firewalls na Internet.

Fonte: elaboração própria

8.1.4 Casos de utilização do sistema

Os diagramas de casos de utilização do sistema são apresentados de seguida, agrupados de acordo com a sua afinidade. Em seguida, é apresentada uma descrição de alguns casos de utilização com o modelo de interface do utilizador correspondente.

Figura 8-1. Diagrama de casos de utilização para a gestão de utilizadores

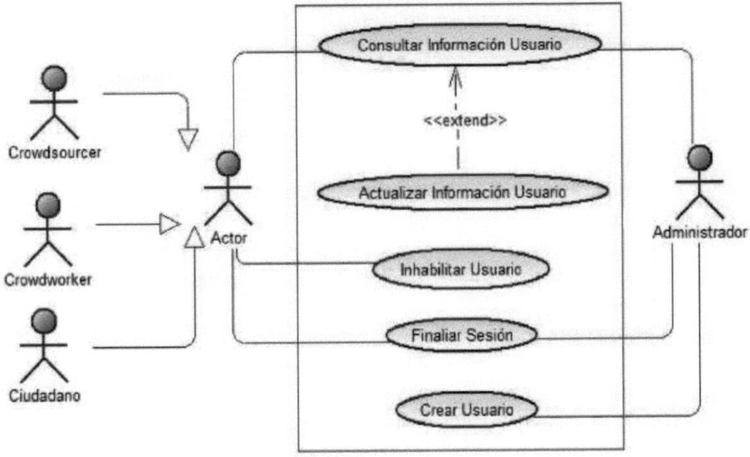

Fonte: Elaboração própria

Figura 8-2. Diagrama de casos de utilização para gestão de projectos de crowdsourcing

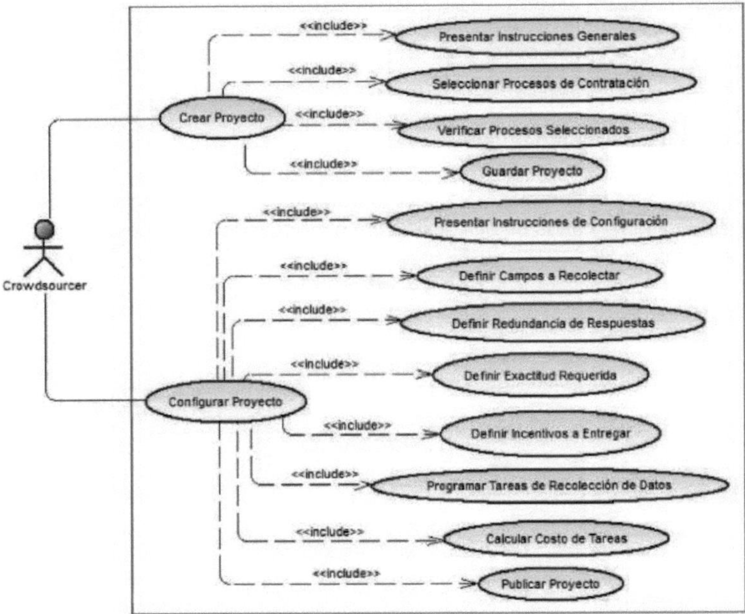

Fonte: Elaboração própria

Figura 8-3. Diagrama de casos de utilização para recolha de dados

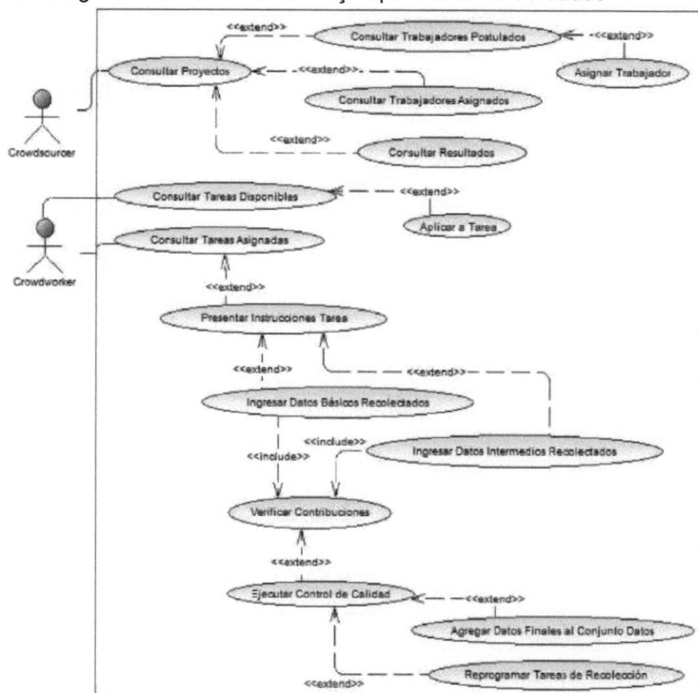

Fonte: Elaboração própria

8.1.1. 1Casos de utilização do sistema e modelos de interface gráfica

Tabela 8-3. Caso de utilização registar utilizador

INFORMAÇÕES GERAIS	
Nome:	Registar utilizador.
Actores:	Crowdsourcer, crowdworker, cidadão
Objetivo:	Permitir que os utilizadores se registem no sistema.
Condições prévias:	
Pós-condições:	As informações do utilizador são armazenadas no sistema.
Referências cruzadas:	Requisito funcional: R11, R16.
FLUXO NORMAL	
Ação do utilizador	**Resposta do sistema**
	1 Apresentar a interface de utilizador de registo (ver figura 9-4), onde devem ser introduzidos os seguintes dados: • Nome completo • Género • Data de nascimento • Contacto telefónico (telefone fixo ou móvel) • Selecionar país • Selecionar o tipo de utilizador • Correio eletrónico (e-mail) • Correio de confirmação (correio eletrónico) • Palavra-passe • Confirmação da palavra-passe

2 Introduzir os dados solicitados	3 Validar se os valores introduzidos respeitam as seguintes restrições: todos os campos são obrigatórios, a data deve respeitar o formato dia/mês/ano, o e-mail deve ter a forma definida para um e-mail (xxx@yyy.zz) e a palavra-passe deve ter um comprimento mínimo de 8 caracteres combinando caracteres alfanuméricos. Além disso, os campos do correio eletrónico e da palavra-passe devem corresponder aos respectivos campos de confirmação. Os utilizadores não podem ser registados como tipo administrador.
	4 Armazenar os dados fornecidos.
	5 Enviar uma mensagem de correio eletrónico ao utilizador notificando o registo no sistema e indicando como entrar no sistema (o nome de utilizador a utilizar corresponde ao endereço de correio eletrónico e a palavra-passe à palavra-passe fornecida).
	6 Apresentar uma mensagem de resposta indicando que os dados foram armazenados.
FLUXO EXCEPCIONAL	
4 Se surgirem problemas na validação dos dados fornecidos, é apresentada a mensagem de resposta correspondente e volta-se ao ponto 2. 5 Se ocorrerem problemas durante a memorização dos dados fornecidos, é apresentada a mensagem de resposta correspondente e volta-se ao ponto 2.	

Fonte: Elaboração própria

Figura 8-4. Interface gráfica do utilizador para registo

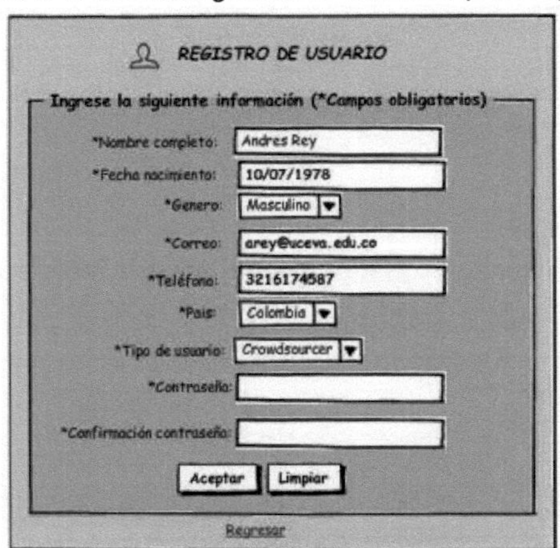

Fonte: Elaboração própria

Tabela 8-4. Caso de utilização para selecionar processos de recrutamento.

INFORMAÇÕES GERAIS	
Nome:	Selecionar Processos de recrutamento.
Actores:	Crowdsourcer.
Objetivo:	Permitir que o utilizador do crowdsourcer introduza as informações necessárias para selecionar os processos de aquisição de interesse para o projeto de recolha de dados.
Condições prévias:	O utilizador tem uma sessão válida no sistema.
Pós-condições:	O url do portal de transparência, os critérios de seleção dos processos de interesse, o número de processos encontrados, o número de páginas que apresentam esta informação e o número de registos por página são armazenados no sistema.

Referências cruzadas:	Requisito funcional: R18, R19.
FLUXO NORMAL	
Ação do utilizador	**Resposta do sistema**
	1 Visualizar a interface de utilizador que permite selecionar os processos de aquisição (ver figura 9-6), nesta interface é possível entrar: - Url do portal de transparência onde se encontram as informações sobre os processos de
	recrutamento • Lista de verificação para indicar os critérios de seleção dos processos de interesse. As opções disponíveis são modalidade de contratação, departamento de execução, data de, data até, montante, número do processo, estado, município, resultados por página. • Número de processos encontrados de acordo com os critérios • Número de páginas que apresentam (contêm) informações sobre os processos encontrados • Número de registos por página
2 Introduzir os dados solicitados.	3 Validar se os valores introduzidos respeitam as seguintes restrições: todos os campos são obrigatórios e devem ser indicados pelo menos dois critérios de seleção; o número de processos encontrados, o número de páginas que contêm os resultados e o número de registos por página devem ser valores inteiros positivos.
	4 Armazenar os dados fornecidos.
	5 Apresentar uma mensagem de resposta indicando que a informação foi armazenada.
	6 Continua com o caso de utilização a partir do qual foi invocado.
FLUXO EXCEPCIONAL	
3 Se forem encontrados problemas na validação dos dados fornecidos, é apresentada a mensagem de resposta correspondente e o sistema regressa a 1. 4 Se ocorrerem problemas durante a memorização dos dados fornecidos, é apresentada a mensagem de resposta correspondente e o sistema regressa a 1.	

Fonte: Elaboração própria

Figura 8-5. Interface gráfica para a seleção do processo de recrutamento

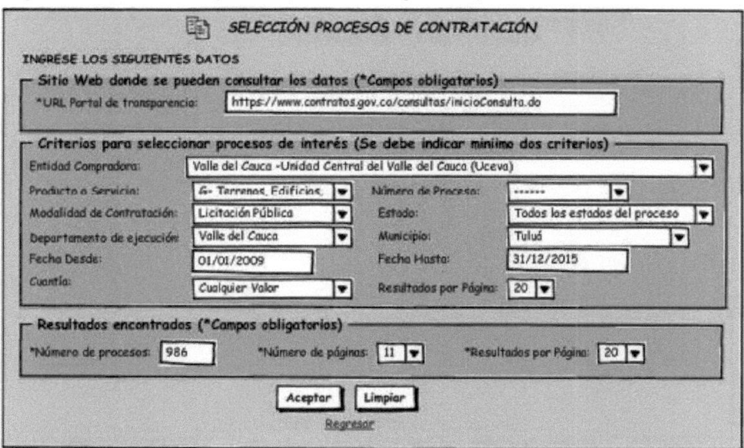

Fonte: Elaboração própria

Tabela 8-5. Caso de utilização guardar projeto

INFORMAÇÕES GERAIS	
Nome:	Guardar projeto.
Actores:	Crowdsourcer.
Objetivo:	Permitir que o crowdsourcer guarde o projeto de recolha de dados fornecendo o nome e a descrição.
Condições prévias:	O utilizador tem uma sessão válida no sistema, a verificação dos dados de seleção do processo de recrutamento foi realizada com êxito.
Pós-condições:	É criado o projeto de recolha de dados por crowdsourcing.
Referências cruzadas:	Requisito funcional: R23
FLUXO NORMAL	
Ação do utilizador	**Resposta do sistema**
	1 Apresentar a interface de utilizador para guardar o projeto (ver figura 9-7), onde pode iniciar sessão: • Nome do projeto • Descrição • Data prevista de conclusão • Palavras-chave associadas ao projeto
2 Introduzir os dados solicitados	3 Validar se os valores introduzidos respeitam as seguintes restrições: todos os campos são obrigatórios, a descrição
	tem um comprimento máximo de 600 caracteres, o prazo será no formato dia/mês/ano, são permitidas até cinco palavras-chave que não excedam 50 caracteres em conjunto.
	4 Armazenar os dados fornecidos do novo projeto.
	5 Apresentar uma mensagem de resposta indicando que o projeto foi guardado.
	6 Continua com o caso de utilização a partir do qual foi invocado.
FLUXO EXCEPCIONAL	
3 Se forem encontrados problemas na validação dos dados fornecidos, é apresentada a mensagem de resposta correspondente e o sistema regressa a 1. 4 Se ocorrerem problemas durante a memorização dos dados, é apresentada a mensagem de resposta correspondente e continuar em 6.	

Fonte: Elaboração própria

Figura 8-6. Interface gráfica para guardar o projeto

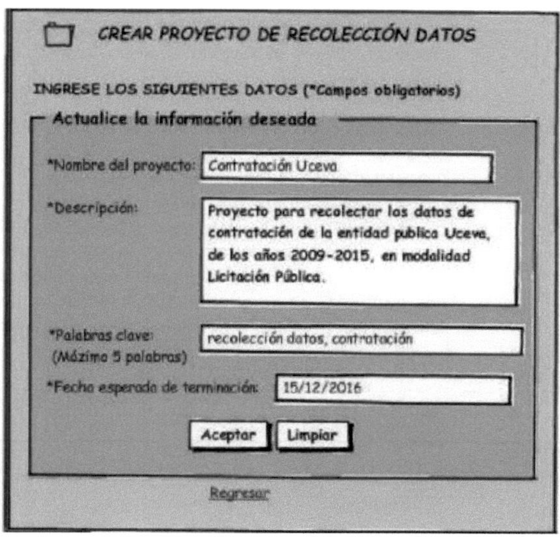

Fonte: Elaboração própria

Tabela 8-6. Caso de utilização introduzir dados de base recolhidos.

INFORMAÇÕES GERAIS	
Nome:	Introduzir os dados básicos recolhidos.
Actores:	Trabalhador das multidões
Objetivo:	Permitir que o utilizador do crowdworker introduza os dados recolhidos num processo de recrutamento.
Condições prévias:	O utilizador tem uma sessão válida no sistema, existe uma tarefa de recolha de dados a ser executada para um determinado projeto.
Pós-condições:	Os dados de base recolhidos num processo de recrutamento são armazenados no sistema.
Referências cruzadas:	Requisito funcional: R44.
FLUXO NORMAL	
Ação do utilizador	**Resposta do sistema**
	1 Apresentar uma interface de utilizador (ver figura 9-10) que permita a introdução dos seguintes dados: • Campos de informação do comprador: nome da entidade, endereço, localização, região, país, telefone, sítio Web, correio eletrónico, nome do contacto. • Campos com informações sobre o concurso e o processo de contratação: tipo de processo, estado do processo, regime de contratação, grupo (código e descrição), segmento (código e descrição), família (código e descrição), classe (código e descrição), pormenor e quantidade do objeto a contratar, montante a contratar, tipo de contrato. • Campos com informações sobre a adjudicação do processo: unidade e nome ou razão social do proponente selecionado, pontuação final (pontos), país de localização do adjudicatário, região de localização do adjudicatário, localidade de localização do adjudicatário, endereço físico de localização do adjudicatário, nome do representante legal do adjudicatário, identificação do representante legal do adjudicatário.

	• Campos com informações sobre os contratos associados ao processo: número do contrato, situação do contrato, tipo de rescisão, objeto do contrato, valor final do contrato, percentual de adiantamento, identificação do contratado, valor do contrato de auditoria externa, data de assinatura do contrato, data de início da execução do contrato, prazo de execução do contrato, destino da despesa, origem dos recursos. • Campos com informações sobre o calendário do processo: data e hora da abertura do processo, data e hora do encerramento do processo, data e hora da audiência de adjudicação. **Nota: A disponibilidade de dados depende do país e a GUI pode ser ajustada, por exemplo, na localização dos controlos de entrada, para facilitar o processo de recolha de dados.**
2 Introduzir os dados solicitados	3 Armazenar os dados recolhidos para o processo de recrutamento em causa.
	4 Incluir o caso de utilização para verificar as contribuições.
	5 Continua com o caso de utilização a partir do qual foi invocado.
FLUXO EXCEPCIONAL	
3 Se forem encontrados problemas durante o armazenamento, é apresentada a mensagem de resposta correspondente e e continuar em 5.	

Fonte: Elaboração própria

Figura 8-7. Interface gráfica para a recolha de dados de nível básico

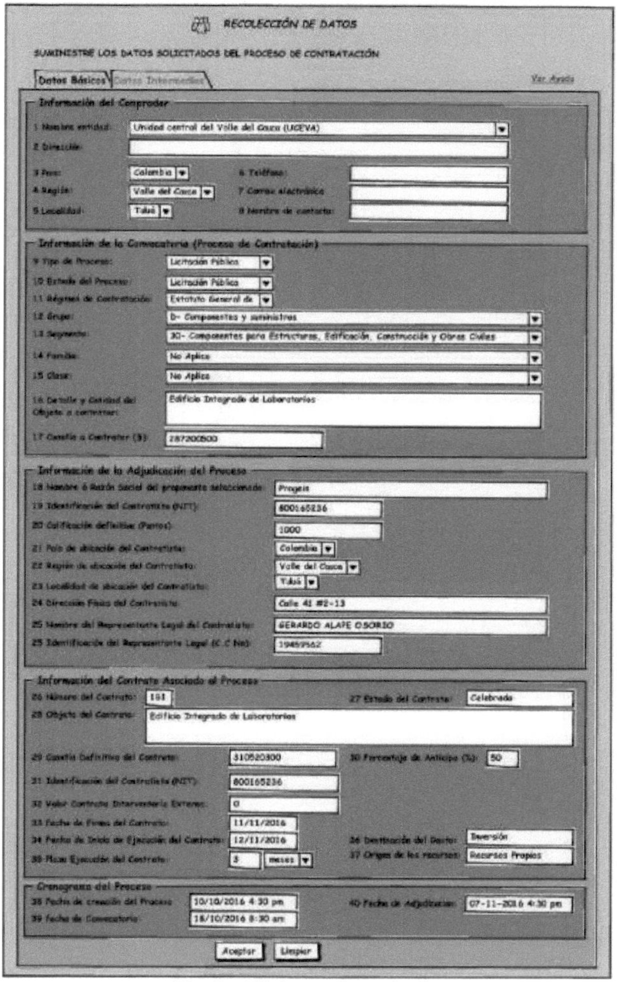

Fonte: Elaboração própria

8.2 Fase de conceção

8.2.1 Diagramas de classes

Abaixo estão vários diagramas que mostram as classes e interfaces definidas.

Figura 8-8. Diagrama de classes parte 1

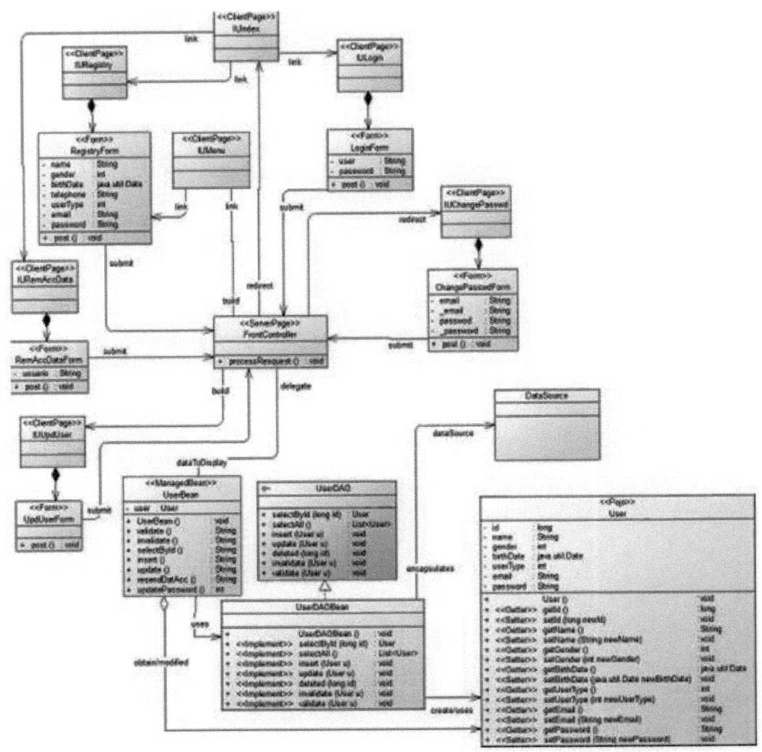

<<ClientPage>> IUIndex
<<ClientPage>> IURegistry
<<ClientPage>> IULogin
<<Form>> RegistryForm
<<ClientPage>> IUMenu
<<Form>> LoginForm
<<ClientPage>> IUChangePasswd
<<Form>> ChangePasswdForm
<<ClientPage>> IURemAccData
<<ServerPage>> FrontController
<<Form>> RemAccDataForm
<<ClientPage>> IUUpdUser
<<Form>> UpdUserForm
DataSource
<<ManagedBean>> UserBean
UserDAO
UserDAOBean
<<Pojo>> User
link
submit
redirect
build
delegate
dataToDisplay
dataSource
encapsulates
uses
obtain/modified
create/uses

Fonte: Elaboração própria

Figura 8-9. Diagrama de classes, parte 2

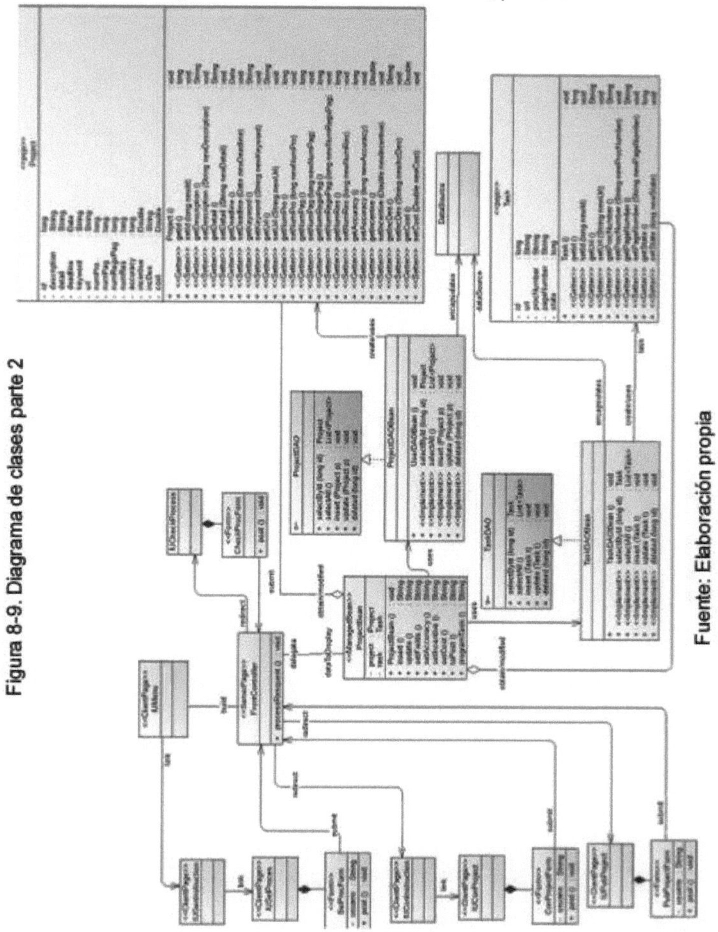

Fonte: Elaboração própria

8.2.2 Modelo de base de dados

Figura 8-10. Modelo de base de dados

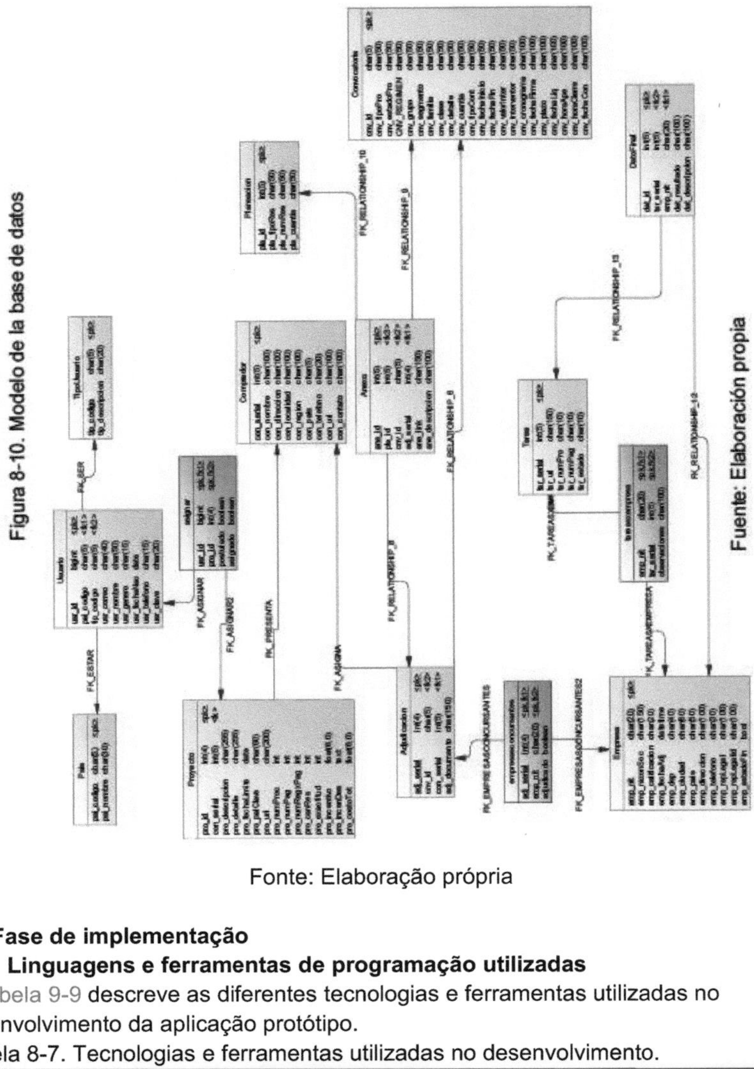

Fonte: Elaboração própria

8.3 Fase de implementação

8.3.1 Linguagens e ferramentas de programação utilizadas

A Tabela 9-9 descreve as diferentes tecnologias e ferramentas utilizadas no desenvolvimento da aplicação protótipo.

Tabela 8-7. Tecnologias e ferramentas utilizadas no desenvolvimento.

Objetivo	Tecnologia / Ferramenta
Linguagem de programação	Java
Quadro de desenvolvimento Web	Java Server Faces (JSF 2.2) / Primefaces
IDE	NetBeans 8.2
Servidor de aplicações	Glassfish 4.1
Servidor de base de dados	PosgreSQL 9.5

Fonte: elaboração própria.

8.3.2 Diagrama de implantação

Figura 8-11. Diagrama de implantação

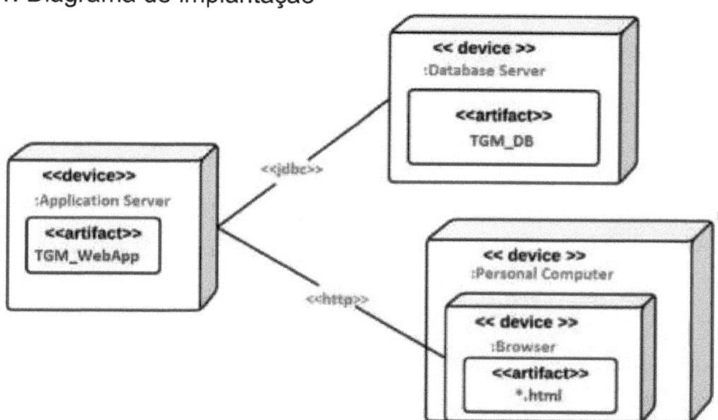

Fonte: elaboração própria

8.3.3 Aplicação de protótipo implementada

O código fonte das diferentes classes que compõem o protótipo está disponível no Anexo B. O protótipo implementado permite registar utilizadores, criar projectos de recolha de dados em Crowdsourcing, avançar com a recolha de dados básicos e efetuar o controlo de qualidade com a abordagem de agregação de resultados através do algoritmo evolutivo descrito na secção 10. Para concluir esta secção, são apresentadas algumas interfaces gráficas da aplicação protótipo desenvolvida.

Figura 8-12. Guia de arranque

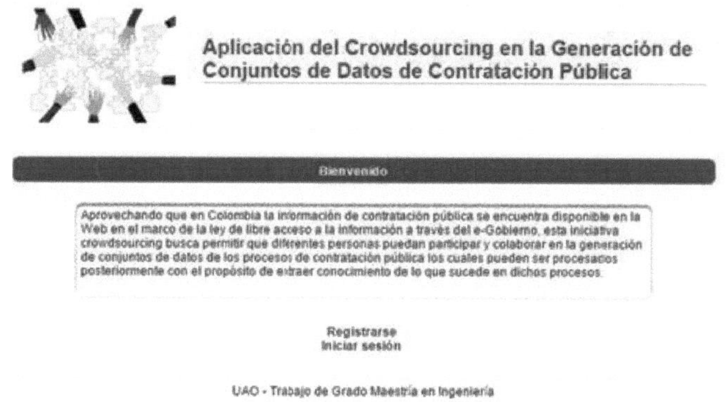

Fonte: elaboração própria.

Figura 8-13. Guia de início de sessão

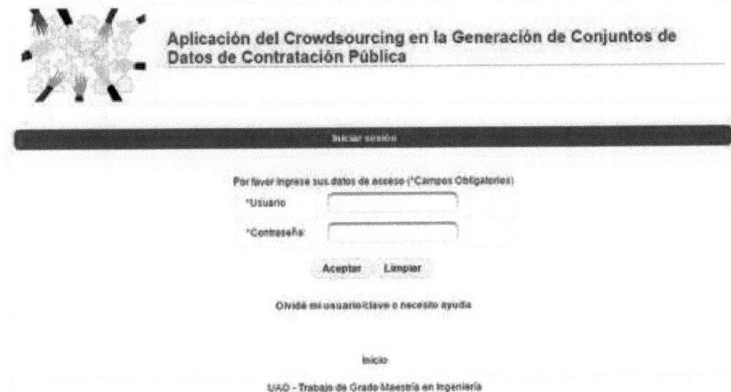

Aplicación del Crowdsourcing en la Generación de Conjuntos de Datos de Contratación Pública
Iniciar sesión
Por favor ingrese sus datos de acceso (*Campos Obligatorios)
*Usuario
*Contraseña
Aceptar
Limpiar
Olvidé mi usuario/clave o necesito ayuda
Inicio
UAO - Trabajo de Grado Maestría en Ingeniería

Fonte: elaboração própria.

Figura 8-14.Guia de registo do utilizador

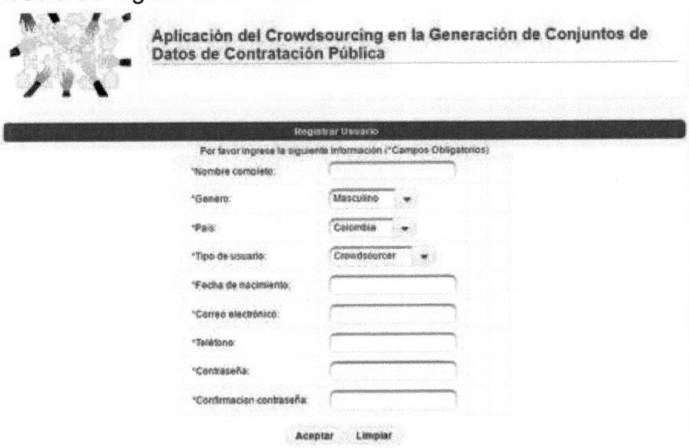

Aplicación del Crowdsourcing en la Generación de Conjuntos de Datos de Contratación Pública
Registrar Usuario
Por favor ingrese la siguiente información (*Campos Obligatorios)
*Nombre completo:
*Genero:
Masculino
*País:
Colombia
*Tipo de usuario:
Crowdsourcer
*Fecha de nacimiento:
*Correo electrónico:
*Teléfono:
*Contraseña:
*Confirmacion contraseña:
Aceptar
Limpiar

Fonte: elaboração própria.

Figura 8-15. Guia de criação de projectos

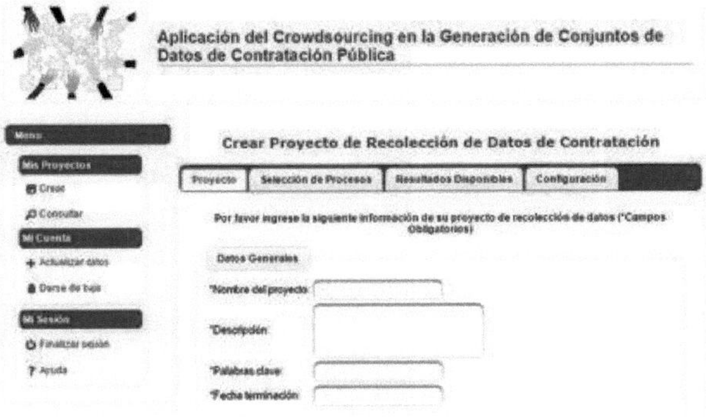

Aplicación del Crowdsourcing en la Generación de Conjuntos de Datos de Contratación Pública
Menu
Mis Proyectos
Crear
Consultar
Mi Cuenta
Actualizar datos
Darse de baja
Mi Sesión
Finalizar sesión
Ayuda
Crear Proyecto de Recolección de Datos de Contratación
Proyecto
Selección de Procesos
Resultados Disponibles
Configuración
Por favor ingrese la siguiente información de su proyecto de recolección de datos (*Campos Obligatorios)
Datos Generales
*Nombre del proyecto:
*Descripción:
*Palabras clave:
*Fecha terminación:

Fonte: elaboração própria.

Figura 8-16. Guia de seleção de processos

Fonte: elaboração própria.

Figura 8-17. Guia de resultados disponíveis

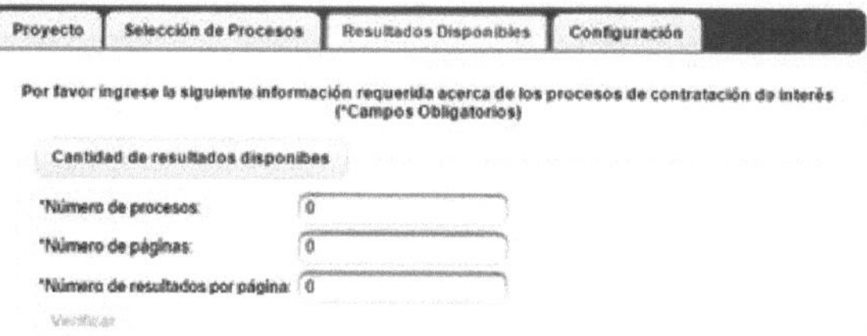

Fonte: elaboração própria.

Figura 8-18. Guia de configuração do projeto

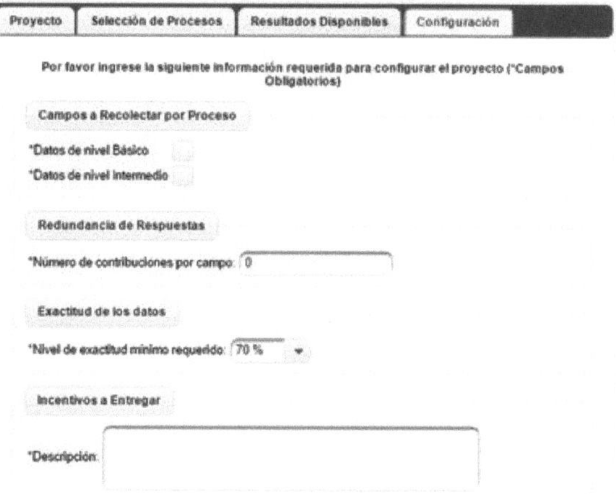

Fonte: elaboração própria.

CAPÍTULO 9

9. MECANISMO DESENVOLVIDO PARA GERAR DADOS FINAIS

Os dados recolhidos através do conceito de crowdsourcing são potencialmente ruidosos, ou seja, podem conter erros que afectam a sua exatidão; neste trabalho, esses dados são designados por "dados em bruto".

Esta secção descreve um mecanismo desenvolvido proposto para a correção de erros introduzidos em dados recolhidos através de Crowdsourcing. O mecanismo em causa permite obter dados finais resultantes da agregação e consenso dos dados em bruto.

A sessão está estruturada da seguinte forma: em primeiro lugar, descreve a abordagem adoptada para a correção de erros com base na agregação de resultados, que é um dos mecanismos mais promissores utilizados no crowdsourcing para lidar com a qualidade dos resultados; em segundo lugar, menciona um problema complexo chamado cálculo de *String Media* encontrado ao tentar realizar a agregação das cadeias de caracteres dos dados brutos; em terceiro lugar, descreve a solução implementada para o problema mencionado, que se baseia na programação evolutiva.

9.1 Agregação de resultados em crowdsourcing

Os dados obtidos através da aplicação do conceito de crowdsourcing podem conter erros, para resolver este problema utilizamos a agregação de resultados que gera redundância com várias respostas para a mesma tarefa fornecidas por diferentes trabalhadores, o que nos permite obter um resultado mais fiável.

Ao abordar o desenvolvimento de uma solução que aplicasse o conceito de agregação de resultados para gerar dados finais, verificou-se que a agregação das cadeias de caracteres que constituem os dados brutos não é de todo trivial, e na literatura este problema é referido como o cálculo da cadeia média descrito abaixo.

9.2 Problema de cálculo da corrente média

[69]Na secção 6.2.7, foi apresentada a definição de cadeia, mas, embora aparentemente simples, de la Higuera mostrou que o cálculo exato da cadeia é um problema *NP-difícil (Non-Deterministic Polynomial-Time Hard)*, pelo que, na prática, devem ser utilizadas abordagens e algoritmos que encontrem a cadeia média aproximada com um custo polinomial e não com um custo exponencial, como acontece quando se encontra a cadeia média exacta.

Neste ponto do trabalho, o problema a resolver centrava-se no desenvolvimento de uma solução para encontrar uma boa aproximação à cadeia média de um conjunto de cadeias de caracteres dadas. A solução desenvolvida é detalhada de seguida.

9.3 Solução para o problema de encontrar a cadeia média por meio de algoritmos evolutivos.

A solução do problema de encontrar a cadeia média foi efectuada por meio de algoritmos evolutivos utilizando a abordagem da programação genética. [70]Este tipo de programação foi selecionado tendo em conta que os algoritmos evolutivos são

---

[69] DE LA HIGUERA, Colin; CASACUBERTA, Francisco. Topologia de strings: string mediana é NP-completa. In: *Theoretical computer science*, 2000, vol.230, no 1-2, p.39.

[70] Existem ainda outros tipos de opções como a programação voraz, a programação dinâmica, as pesquisas de IA (inteligência artificial), as redes neuronais, entre outras que podem ser exploradas.

utilizados, com muito bons resultados, em problemas computacionalmente difíceis de resolver, ou seja, aqueles que não têm uma solução em tempo polinomial. O algoritmo evolutivo desenvolvido e os resultados dos testes efectuados são descritos de seguida.

9.3.1 Algoritmo evolutivo que calcula a cadeia média

Para iniciar a descrição do algoritmo evolutivo, apresenta-se a Figura 10-1, que corresponde ao diagrama de classes da solução implementada.

Figura 9-1. Diagrama de classes do algoritmo evolutivo

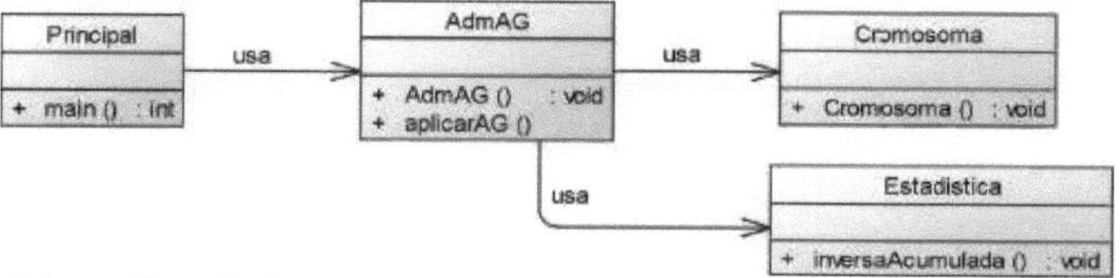

Fonte: elaboração própria

Como mostra a figura acima, existem quatro classes:

- Classe principal encarregada de iniciar a execução do algoritmo evolutivo.
- Uma classe chamada AdmAG que implementa uma série de passos definidos na programação evolutiva, tais como inicialização, avaliação, seleção, replicação e substituição.
- Classe de cromossomas utilizada para modelar os cromossomas que são os elementos básicos na modelação proposta pelos algoritmos evolutivos.
- Classe estatística que contém métodos para suportar várias operações estatísticas habitualmente utilizadas em algoritmos evolutivos que utilizam a técnica de amostragem para a seleção dos melhores cromossomas.

As quatro classes acima referidas permitem encontrar a cadeia média e o processo inicia-se quando a classe principal cria uma instância da classe do algoritmo evolutivo (AdmAG), passando como parâmetros o conjunto de cadeias de caracteres para o qual a cadeia média deve ser calculada. As cadeias de entrada correspondem a dados brutos que são carregados pela classe principal a partir de um ficheiro de entrada.

Ao criar uma instância da classe algoritmo evolutivo, o método construtor é responsável por criar a tabela de símbolos a ser utilizada, incluindo apenas os caracteres que aparecem nas strings de entrada passadas como argumentos, de forma a otimizar o espaço de pesquisa. Uma vez feito isso, é invocado o método aplicarAG, que se encarrega de executar os passos mostrados na Figura 10-2 definidos na computação evolutiva.

Figura 9-2. Passos seguidos na computação evolutiva

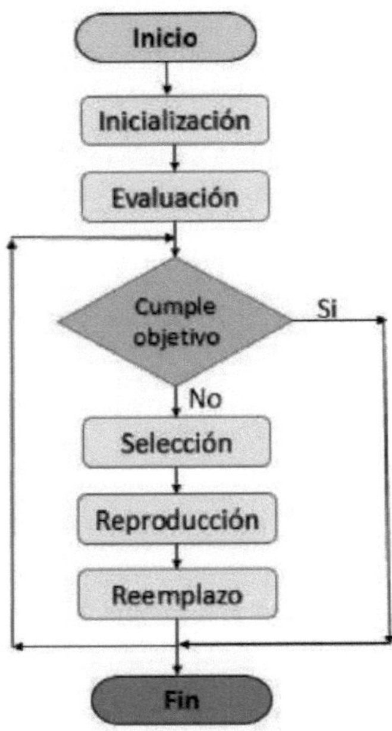

Fonte: elaboração própria

[71]Para compreender como se desenrola o processo evolutivo de criação e exploração de um grande espaço de pesquisa com o objetivo de encontrar a cadeia média, é apresentada uma descrição do que acontece em cada etapa:

- (1) Inicialização: consiste em encher o armazém com 100 cromossomas. O armazém é implementado como um vetor de cromossomas constituído basicamente por cadeias aleatórias criadas de acordo com a tabela de símbolos. Cada cromossoma representa uma solução possível para o problema da cadeia média.

(2) Avaliação: consiste em ordenar os cromossomas da cave do mais pequeno para o maior. A figura 10-3 tenta representar a cave e a forma como os cromossomas são organizados em função do valor de avaliação, que é obtido comparando a cadeia atual (que constitui o cromossoma) com as cadeias de entrada recebidas. O valor de avaliação representa a proximidade de um cromossoma em relação às cadeias de entrada. Os valores de avaliação são obtidos para cada cromossoma no momento da ordenação e são armazenados como parte da sua estrutura.

Figura 9-3. Representação da cave cromossómica

[71] O espaço de pesquisa é constituído por cromossomas que contêm cadeias de caracteres criadas a partir das cadeias de caracteres de entrada. É um espaço tão grande de combinações de cadeias que a tarefa é semelhante a "procurar uma agulha num palheiro".

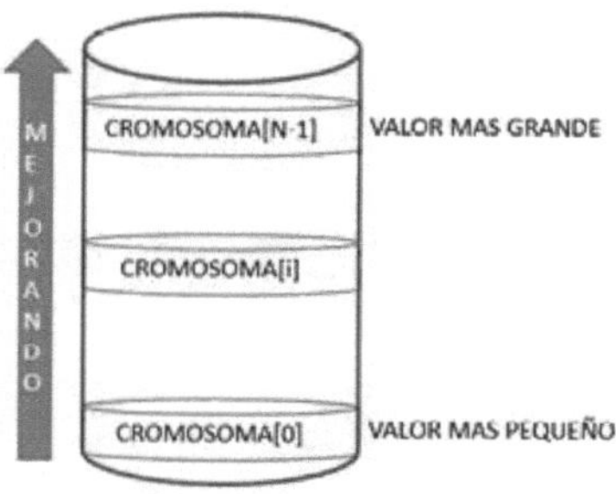

Fonte: elaboração própria

(3) Seleção: Com os valores de avaliação, é criado um vetor que é passado como parâmetro para criar uma instância da classe Estatística, que se encarrega de escolher os cromossomas estatisticamente mais adequados de acordo com o seu valor de avaliação. É importante salientar que, antes de criar esta instância, devem ser evitados números negativos ou zeros, pelo que, antes de utilizar a classe Estatística, é calculado o mínimo da função de avaliação e, se este valor não for positivo, é feito um desvio ou deslocamento, ou seja, é feita uma espécie de pré-normalização, pois a classe Estatística faz a normalização real para poder aplicar a função inversa acumulada (função principal da classe) que se encarrega de escolher aleatoriamente os cromossomas mais aptos que são copiados para um vetor chamado "matingPool". [72][73]A Figura 10-4 tenta representar como os cromossomas com um valor de avaliação mais elevado têm maior probabilidade de serem escolhidos, mas todos têm alguma probabilidade, incluindo os menos aptos, porque para a sua seleção na função inversa acumulada é utilizada uma estratégia chamada sorteio por amostragem; a quantidade de cromossomas que são passados para o matingPool corresponde a 10% do tamanho do pool.

Figura 9-4. Representação do pool de acasalamento

[72] Existem também outras estratégias que podem ser utilizadas para selecionar cromossomas, tais como: selecionar os primeiros n cromossomas mais adequados, por sorteio, por roleta, por sobras, por torneio, etc. A seleção de qualquer uma destas estratégias tem impacto na quantidade de espaço de pesquisa que é explorado.

[73] O valor recomendado para o tamanho do matingPool é geralmente 10%, mas pode ser ajustado em função do problema e dos resultados dos testes efectuados com o algoritmo.

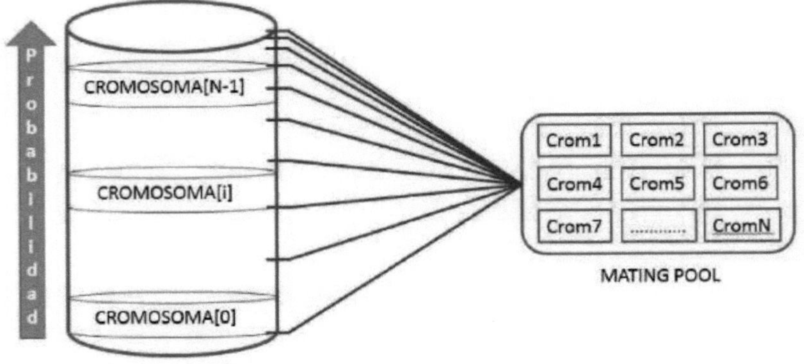

Fonte: elaboração própria

- [74](4) Reprodução: Já na reserva de acasalamento, são escolhidos dois cromossomas que se encontram próximos um do outro e decide-se, numa base percentual, se ambos vão sofrer mutação ou cruzamento. Se sofrerem mutação, é decidido aleatoriamente qual das quatro funções de mutação definidas deve ser aplicada e, se tiverem de se cruzar, é decidido aleatoriamente qual das duas funções de cruzamento deve ser escolhida. Os novos cromossomas resultantes da mutação e/ou do cruzamento são levados para um novo vetor de cromossomas e, quando todas as reproduções terminam e o vetor está completo, é ordenado de acordo com a função de avaliação; a reprodução termina quando todos os cromossomas são retirados do conjunto de acasalamento.
- (7) Substituição: Para substituir os cromossomas da cave pelos novos cromossomas resultantes da reprodução, utiliza-se o critério: se for melhor do que o pior cromossoma da cave, entra na cave. Isto implica que, para que um dos novos cromossomas entre na cave, a sua função de avaliação deve ser melhor do que a do pior cromossoma da cave; os novos cromossomas que não entram na cave são descartados porque não são "melhores" do que os cromossomas existentes. Após a introdução dos novos cromossomas na cave, esta é ordenada e o processo recomeça até se verificar que não entram novos cromossomas na cave, pelo que o algoritmo é interrompido e é devolvido o cromossoma mais elevado da cave, que será aquele que contém a cadeia média que se pretendia encontrar.

9.3.2 Representação de indivíduos

No modelo evolutivo definido para o problema da cadeia média, o cromossoma é constituído por um único gene que corresponde a uma cadeia de caracteres (ver Figura 10-5). Cada cromossoma representa uma solução possível para o problema da cadeia média e, ao criar as cadeias que o compõem, são tidas em conta as seguintes considerações: os tamanhos destas cadeias vão desde o tamanho mínimo

[74] Geralmente, a percentagem de mutação é muito baixa em comparação com a de cruzamento, ou seja, 95% corresponde a cruzamento e 5% a mutação. Para o problema do cálculo da cadeia média, as percentagens definidas foram de 50%, tanto para o cruzamento como para a mutação, porque os operadores definidos na distância de Levenshtein são mutacionais, o que é muito diferente de outros problemas em que uma mutação elevada pode afetar e danificar os cromossomas.

das cadeias de entrada até ao tamanho máximo das cadeias de entrada; todos os caracteres são escolhidos a partir da tabela de símbolos que é criada apenas com os caracteres que aparecem nas cadeias de entrada; as restrições acima referidas correspondem a heurísticas que são totalmente lógicas, uma vez que a cadeia média não pode ser menor do que o mínimo, nem maior do que o máximo.
Outros campos utilizados para armazenar dados também são definidos no cromossoma, mas o valor de avaliação e a possível cadeia média são os mais importantes.

Figura 9-5. Representação do cromossoma no problema da cadeia média.

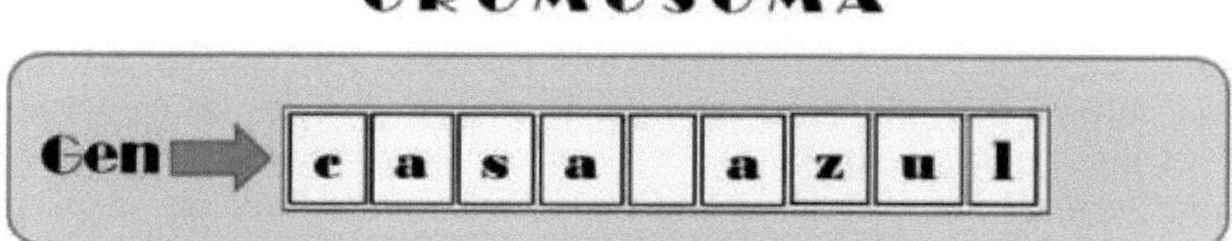

Fonte: elaboração própria

9.3.3 Geração da população inicial

Tradicionalmente, recomenda-se começar a testar algoritmos evolutivos utilizando 100 cromossomas como população inicial na cave; este valor pode ser variado em função do problema e dos resultados obtidos na experimentação. No algoritmo desenvolvido, esta diretriz foi seguida e não foi necessário testar com outros valores.

9.3.4 Função de avaliação

A função de avaliação permite encontrar um valor que representa a proximidade entre a cadeia que conforma o cromossoma e a média das cadeias de entrada. Ou seja, quão semelhante ou parecida é esta cadeia em relação ao conjunto de cadeias de entrada que permanecem inalteradas.
A função de avaliação aplicada para medir a aptidão dos cromossomas no algoritmo evolutivo é a seguinte (equação 2):
Valor de avaliação = Similaridade por coluna - Dissimilaridade total (2)
Os termos utilizados na avaliação são descritos a seguir:

- Semelhança por coluna. Corresponde à avaliação da semelhança dos caracteres das cadeias avaliadas em cada coluna ou posição da seguinte forma: se os caracteres da coluna forem iguais, é atribuído um valor de 1, se forem diferentes -1 e se for um espaço em branco -2. O valor final da avaliação da semelhança por coluna corresponde à soma dos resultados da avaliação de cada coluna quando a cadeia que está em conformidade com o cromossoma é comparada com todas as cadeias de entrada. Um valor de avaliação elevado representa que as cadeias são semelhantes, mas pode acontecer que sejam obtidos valores negativos, representando que as cadeias não são semelhantes.
- Dissimilaridade total. Esta medida representa a diferença entre as cadeias de caracteres avaliadas. Podem ser utilizados vários métodos para medir a dissemelhança das cadeias de caracteres, mas o mais utilizado é o método Levenshtein, que permite encontrar um valor chamado distância de edição, que representa a diferença entre as cadeias de caracteres. Quando a distância de edição

é zero, significa que as cadeias são iguais, mas à medida que aumenta, representa uma maior dissemelhança. A medida de dissimilaridade total é sempre positiva.

9.3.5 Operadores de cruzamento e mutação

As funções ou operadores definidos para serem aplicados ao cromossoma no momento da reprodução são os seguintes

- Crossover. Existem duas formas:

o Crossover 1, que cria um novo cromossoma através do cruzamento de dois cromossomas num único ponto escolhido aleatoriamente.

o Crossover 2, que cria um novo cromossoma através do cruzamento de dois cromossomas em dois pontos escolhidos aleatoriamente.

- Mutação. Existem quatro formas:

o Shift: cria um novo cromossoma deslocando todos os caracteres da cadeia para a esquerda ou para a direita numa posição. O carácter que sai do cromossoma é inserido no lado oposto, deixando a cadeia com o mesmo tamanho.

o Apagar: cria um novo cromossoma removendo um carácter de uma posição aleatória. A distância de Levestein é aumentada pelo número de elementos eliminados, para garantir que o ganho de distância não se deve apenas à diminuição do comprimento da cadeia, mas à eliminação de um elemento que estava a fazer aumentar a distância. A remoção pode ser considerada como um processo de mutação.

o Inserir: cria um novo cromossoma inserindo um carácter da tabela de símbolos. O símbolo é escolhido aleatoriamente a partir da tabela de símbolos e o local de inserção é escolhido aleatoriamente a partir da cadeia, tornando a cadeia uma unidade maior. A inserção pode ser considerada como um processo de mutação.

o Modificar: cria um novo cromossoma modificando um carácter com outro. A posição a ser modificada é escolhida aleatoriamente e o carácter a ser inserido é escolhido aleatoriamente da tabela de símbolos.

A tabela de símbolos que contém os caracteres que compõem as cadeias de entrada é utilizada para aplicar as funções acima referidas.

9.3.6 Restrições

Seguem-se as principais restrições que se aplicam ao algoritmo desenvolvido:

- Relativamente ao tempo de execução: Encontrar a cadeia média implica lidar com um problema computacionalmente complexo, denominado NP-Hard, que pode demorar um tempo considerável. Ao calcular a cadeia média, a partir de um conjunto de cadeias de entrada, o tempo de processamento necessário não pode ser calculado antecipadamente e varia consoante o comprimento das cadeias e a sua semelhança. [75]Por esta razão, o algoritmo evolutivo é implementado na linguagem de programação C++, que é uma linguagem conhecida pela sua rapidez de execução.
- [76]Tamanho das strings de entrada: A utilização da linguagem C++ gera uma restrição para as entradas do algoritmo evolutivo, que não podem ser maiores que

[75] A linguagem C++ permite a geração de código nativo que é executado diretamente na plataforma de computação sem necessidade de máquinas virtuais (como no caso do código gerido) que atrasam a execução dos programas.

[76] De acordo com os testes efectuados, as cadeias de entrada com mais de 12 caracteres geram um excesso de variável que conduz a um cálculo errado da cadeia média.

12 caracteres, pois provoca um estouro de memória na variável que é utilizada como contador das combinações de caracteres que são geradas como espaço de busca para a solução. Esta situação foi identificada quando a implementação do algoritmo evolutivo estava disponível e os testes de desempenho foram efectuados; no final do documento, é proposta uma alternativa como trabalho futuro para ultrapassar esta importante restrição que acabou por estabelecer uma limitação na dimensão dos dados brutos a processar.

- Qualidade da cadeia média calculada: Na secção seguinte, será demonstrado que o algoritmo evolutivo desenvolvido para encontrar a cadeia média de um dado conjunto de cadeias de caracteres encontra corretamente a cadeia média solicitada.

9.3.7 Considerações adicionais

Para o problema de encontrar a cadeia média utilizando a programação evolutiva, não é necessária qualquer codificação ou descodificação para as entradas e saídas, porque estes valores correspondem a cadeias de caracteres em linguagem natural. Isto significa que, neste caso particular, o fenótipo (cadeia de entrada) é igual ao genótipo (representação interna dos valores de entrada tratados pelo algoritmo), pelo que a abordagem correspondente para a implementação do algoritmo é a programação evolutiva.

9.3.8 Avaliação do algoritmo evolutivo

Para avaliar se o algoritmo evolutivo desenvolvido permite encontrar a cadeia média corretamente e num tempo aceitável, foram realizados dois tipos diferentes de avaliações: em primeiro lugar, um teste contextualizado que avalia as respostas fornecidas pelo algoritmo evolutivo ao encontrar a cadeia média para várias cadeias de entrada correspondentes a dados brutos; em segundo lugar, a avaliação do algoritmo evolutivo contra uma implementação realizada de um algoritmo que calcula a cadeia média exacta para comparar o tempo de resposta.

9.3.8.1 Avaliação do algoritmo evolutivo através da procura da cadeia média

Este tipo de teste consiste em avaliar o desempenho do algoritmo evolutivo, encontrando a cadeia média para várias cadeias de entrada. Foram efectuados diferentes testes deste tipo com várias cadeias de entrada, variando em comprimento, número de entradas e número de símbolos. Para descrever o comportamento do algoritmo, são recolhidos dados de três testes.

Teste n.º 1

As sequências de entrada para o primeiro teste a ser analisado são as seguintes

- **fotocópia Fotocópia Fotocópia Fotocópia Fotocópia Fotocópia Fotocópia Fotocópia**

Estas cadeias de entrada correspondem a dados recolhidos por 4 trabalhadores diferentes para o mesmo campo, em que o valor exato (verdade oculta) a recolher era a cadeia:

- **Fotocópias**

[77] Para selecionar o número de entradas a utilizar nos testes, são tidas em conta as recomendações encontradas na literatura em trabalhos como o de Ipeirotis , que estudaram a relação entre o número de entradas e a qualidade dos resultados

[77] IPEIROTIS, Panagiotis G., et al. Rotulagem repetida usando múltiplos rotuladores ruidosos. In: *Data Mining and Knowledge Discovery*, 2014, vol. 28, no 2, p. 402.

obtidos. A este respeito, são feitas duas recomendações gerais: a primeira é tentar ter o maior número possível de entradas ou contribuições, centenas se possível; e a segunda é trabalhar com poucas entradas, na ordem de 4 a 6 ou algumas mais, dependendo da tarefa. Como a recolha de um grande número de entradas para a mesma tarefa aumenta os custos de recolha, é adoptada a segunda recomendação, trabalhando com 4 entradas.

A Tabela 10-1 apresenta a cadeia média encontrada pelo algoritmo evolutivo para dez execuções (sem variar as cadeias de entrada), o tempo de cada execução e a distância da cadeia média às cadeias de entrada.

Tabela 9-1. Resultados do teste 1 do algoritmo evolutivo

Execução	Cadeia média	Tempo	Distância
Execução n.º 1	Fotocópias	11,17	4
Execução n.º 2	Fotocópias	11,077	4
Execução n.º 3	Fotocópias	11,123	4
Execução n.º 4	Fotocópias	11,23	4
Execução n.º 5	Fotocópias	11,96	4
Execução n.º 6	Fotocópias	11,114	4
Execução n.º 7	Fotocópias	11,16	4
Execução n.º 8	Fotocópias	11,119	4
Execução n.º 9	Fotocópias	11,31	4
Execução n.º 10	Fotocópias	12,002	4

Fonte: elaboração própria

Para este teste, o algoritmo evolutivo encontrou a cadeia média em cerca de 11 segundos. Estes resultados são satisfatórios porque a cadeia média encontrada é igual ao valor exato ou à verdade oculta que devia ser encontrada.

Teste n.º 2

No segundo teste a ser analisado, estavam disponíveis as seguintes sequências de entrada:

- **fotocoPiado Fotoopiad Foocopado Foticopiad Foticopiadu**

Mais uma vez, o valor exato (verdade oculta) a recolher era a cadeia de caracteres:

- **Fotocópias**

O quadro 10-2 apresenta os resultados obtidos para estas cadeias de entrada.

Tabela 9-2. Resultados do teste 2 do algoritmo evolutivo

Execução	Cadeia média	Tempo	Distância
Execução n.º 1	Fotocópias	14,134	8
Execução n.º 2	Fotocópias	14,133	8
Execução n.º 3	Fotocópias	13,102	8
Execução n.º 4	Fotocópias	14,182	8
Execução n.º 5	Fotocópias	14,147	8
Execução n.º 6	Fotocópias	14,123	8
Execução n.º 7	Fotocópias	14,164	8
Execução n.º 8	Fotocópias	14,187	8
Execução n.º 9	Fotocópias	11.665	8
Execução n.º 10	Fotocópias	14,139	8

Fonte: elaboração própria

Para este teste, o algoritmo evolutivo encontrou a cadeia média em cerca de 14 segundos e, apesar de as entradas terem uma maior dissemelhança, a cadeia média encontrada é igual ao valor exato ou à verdade oculta que se pretendia encontrar.

Teste n.º 3

O terceiro teste foi efectuado com as seguintes sequências de entrada:

- **fotoCoPying Ftoopiad oocopying Foyicopiadu**

E, mais uma vez, o valor exato (verdade oculta) a recolher era a cadeia de caracteres:

- Fotocópias

O quadro 10-3 apresenta os resultados obtidos para estas cadeias de entrada.

Tabela 9-3. Resultados do teste 3 do algoritmo evolutivo

Execução	Cadeia média	Tempo	Distância
Execução n.º 1	Fooopado	15,897	15
Execução n.º 2	Fooopiada	4,321	15
Execução n.º 3	Focopiada	4,321	15
Execução n.º 4	Fotocópias	4,01	12
Execução n.º 5	Fotocópias	2,917	12
Execução n.º 6	Fotocópias	10,748	14

Fonte: elaboração própria

Para este teste, o algoritmo evolutivo encontrou a cadeia média mas esta variou entre execuções, e o tempo de execução também variou sem ultrapassar os 16 segundos. Este comportamento deve-se ao facto de as entradas apresentarem uma dissemelhança muito maior do que nos dois testes anteriores, pois o tempo continua a ser baixo, mas desta vez apresenta uma maior variabilidade.

Foram obtidos resultados semelhantes repetindo este tipo de teste com diferentes cadeias de entrada e variando o grau de dissemelhança das cadeias. Isto sugere que o algoritmo evolutivo encontra corretamente a cadeia média num tempo aceitável, mas para ter mais elementos para apoiar esta abordagem, é realizado um segundo tipo de teste em que o algoritmo evolutivo é avaliado contra um algoritmo dito ingénuo que calcula a cadeia média exacta.

9.3.8.2 Algoritmo evolutivo versus algoritmo ingénuo

Este teste consistiu em avaliar o tempo de resposta do algoritmo evolutivo, utilizando uma implementação de um algoritmo chamado naive que calcula a cadeia média exacta; a implementação deste algoritmo está incluída como um método da classe AdmAG.

Foi designado por algoritmo ingénuo porque calcula a cadeia média, mas só pode ser utilizado quando as cadeias de entrada têm um comprimento pequeno. Por exemplo, para calcular a cadeia média correspondente às seguintes cadeias de caracteres de entrada:

- mínimo Mínimo Mínimo Mínimo Mínimo

O algoritmo ingénuo demora 0,764 segundos, o que é um tempo curto para o que se diz ser um cálculo complexo. Mas à medida que o comprimento das cadeias de caracteres aumenta, também aumenta o tempo para as cadeias de caracteres:

- Estatuto Estatuto Estatuto Estatuto Estatuto Estatuto

O algoritmo ingénuo demora 397 segundos, o que equivale a 6 minutos, o que já é um tempo mais longo, mas ainda aceitável. Mas se aumentarmos um pouco mais o comprimento da cadeia e os símbolos que a compõem, podemos ter tempos que não são aceitáveis. [78]Por exemplo, ter de calcular a cadeia média exacta para entradas como "fotocopiadora" demoraria cerca de 29 dias . [78]É por isso que este algoritmo que calcula a média exacta da cadeia é chamado ingénuo, uma vez que não é viável utilizá-lo devido à grande quantidade de tempo necessário para efetuar os cálculos.

Teste n.º 4

A avaliação consistiu em comparar os tempos de resposta de ambos os algoritmos, o evolutivo e o chamado algoritmo ingénuo, utilizando as mesmas cadeias de entrada que mudavam de comprimento (3, 4, 5, 5, 6 e 7 caracteres) de uma execução para outra, mas mantendo sempre o mesmo número de símbolos que as compõem. [79]As cadeias de entrada foram retiradas de um corpus de teste de uma tese de doutoramento que investigou extensivamente diferentes formas de encontrar a cadeia média.

Ambos os algoritmos foram avaliados no processamento de sequências de entrada constituídas por combinações das seguintes sequências, que variavam em comprimento mas eram sempre constituídas por combinações dos símbolos (a, b, c, d):

- dac, bdac, caaac, ccaaac, ccaadc, aadaaac

Para as mesmas cadeias de entrada, ambos os algoritmos concordaram sempre com a cadeia média, o ingénuo calculando-a e o evolutivo encontrando-a no espaço de pesquisa.

A Tabela 10-4 apresenta os tempos de resposta obtidos nos testes.

Tabela 9-4. Tempos de resposta do algoritmo evolutivo versus algoritmo ingénuo

Execução	Tempo de resposta Algoritmo ingénuo	Algoritmo evolutivo de tempo de resposta
Execução n.º 1	0,015	0,02
Execução n.º 2	0,015	0,13
Execução n.º 3	0,047	0,161
Execução n.º 4	0,203	0,198
Execução n.º 5	0,978	0,25

[78] Se a cadeia de entrada for "Fotocopiadora", temos uma tabela de símbolos (ou alfabeto) composta por: "F", "o", "t", "c", "p", "i", "a", "d", "r" (9 caracteres diferentes). O algoritmo ingénuo tem de processar ����� combinações possíveis, ou seja, na ordem das ���� operações, mais precisamente 2541865828329, este valor quando dividido pelo número de operações que um computador faz por segundo, dá o número de segundos necessários para processar todas as combinações. $(\frac{2541865828329}{10^6} =$ Por exemplo, se tivermos um computador que efectua um milhão de operações por segundo, então para calcular esta cadeia de entrada seriam necessários 2541866 *segundos* = 29 dias).

[79] Este trabalho é uma referência no problema do cálculo da cadeia média.

Execução n.º 6	4,623	0,333
Execução n.º 7	21,804	0,374

Fonte: elaboração própria

A Figura 10-6 permite uma comparação dos tempos de resposta medidos em segundos dos algoritmos.

Figura 9-6 Tempo de resposta do algoritmo ingénuo versus algoritmo evolutivo

Fonte: elaboração própria

Analisando o comportamento do tempo de resposta, pode afirmar-se que, para cadeias de entrada cujo comprimento não exceda 4 caracteres, o tempo de resposta é baixo em ambos os algoritmos, sendo o algoritmo ingénuo mais rápido. Mas à medida que as cadeias de entrada aumentam de comprimento, ultrapassando os quatro caracteres, o algoritmo evolutivo é muito mais rápido. O tempo de resposta do algoritmo ingénuo cresce exponencialmente, enquanto o tempo de resposta do algoritmo evolutivo cresce linearmente com um declive muito baixo.

Para investigar um pouco o comportamento do algoritmo evolutivo, foram gerados vários modelos de regressão a partir dos dados disponíveis. Após testar alguns tipos diferentes de regressão, foram identificados dois modelos que se ajustam à resposta dada pelo algoritmo evolutivo, como mostra a Figura 10-7.

Figura 9-7 Tendência temporal do algoritmo evolutivo

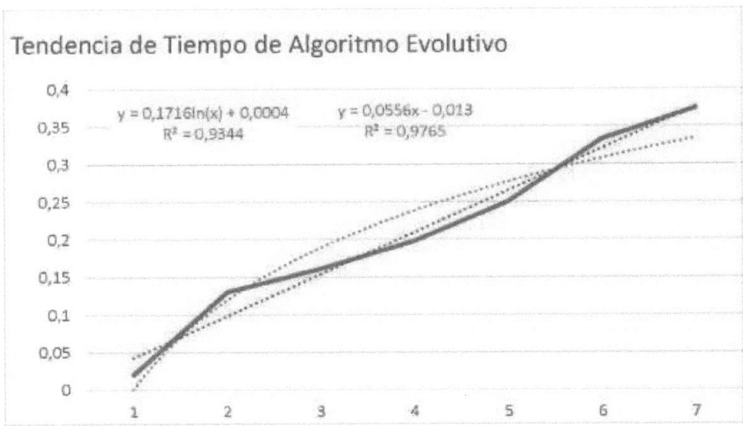

Fonte: elaboração própria

Os modelos apresentados na Figura 10-7 foram obtidos a partir dos dados da Tabela 10-4. O primeiro modelo apresentado a vermelho corresponde a um modelo logarítmico e o segundo modelo apresentado a verde corresponde a um modelo linear. O modelo linear é o que melhor se ajusta à resposta dada pelo algoritmo evolutivo de acordo com o coeficiente de determinação R2 que apresenta um valor de 0,9795.

Foram obtidos resultados semelhantes repetindo este tipo de teste com diferentes cadeias de entrada, variando o comprimento e o número de símbolos nelas contidos. Os resultados obtidos sugerem que o algoritmo evolutivo pode encontrar a cadeia média num tempo razoável, porque não cresce exponencialmente.

CAPÍTULO 10

10 AVALIAÇÃO DO MÉTODO E DADOS FINAIS

Esta secção apresenta os resultados do teste final do método de recolha de dados baseado no crowdsourcing proposto para gerar conjuntos de dados de processos de contratos públicos no âmbito da administração pública em linha e do livre acesso à informação pública.

10.1 Realização do ensaio

10.1.1Objectivos do teste

O teste realizado foi concebido para avaliar: em primeiro lugar, o processo definido no método de recolha de dados proposto, que consiste numa série de passos que, quando executados, devem gerar o conjunto de dados desejado; em segundo lugar, para examinar a proximidade entre os dados finais gerados e os valores exactos que deviam ser recolhidos.

10.1.2 Descrição do ensaio

Para testar o método proposto para a recolha de dados, os diferentes passos foram realizados com a participação de 8 alunos do programa de Engenharia de Sistemas da Unidade Central do Valle del Cauca (UCEVA), que assumiram o papel de Crowdwokers e o autor deste artigo que desempenhou o papel de Crowdsourcer, a aplicação protótipo desenvolvida serviu como plataforma de Crowdsourcing facilitando a realização de alguns passos e outros, que ainda não são suportados pelo protótipo, foram realizados manualmente.

Segue-se uma descrição do que aconteceu:

Fase I: Geração inicial do conjunto de dados

Tarefa 1: Identificar

Tarefa 1-1. Selecionar processos: O processo começa com a seleção dos processos de aquisição de interesse, esta tarefa foi realizada pelo Crowdsourcer (previamente registado na Aplicação Protótipo) através da execução dos seguintes passos:

- Passo 1 Indicar o portal de transparência:
  - Url: https://www.contratos.gov.co/consultas/inicioConsulta.do
- Etapa 2 Indicar os critérios de seleção dos processos de aquisição:
  - Entidade: Unidade Central de Valle del Cauca
  - Modalidade de contratação: Concurso público
  - Data de: 2016-01-01
  - [80]Data até : 2016-12-31
- Passo 3: Pesquisar o portal da transparência utilizando os critérios definidos e introduzir os resultados da consulta:
  - Número de registos (processos de recrutamento): 6
  - Número de páginas com resultados: 1
  - Número de resultados por página: 50

Estes passos foram executados sem que se registassem quaisquer problemas na utilização da aplicação protótipo. A figura 11-1 e a figura 11-2 mostram as capturas de ecrã capturadas durante os passos.

[80] A data final deve ser sempre inferior à data atual para garantir que os resultados da pesquisa não se alteram desde que sejam utilizados os mesmos critérios de seleção.

No que diz respeito aos critérios definidos para a seleção dos processos de interesse, estes foram cuidadosamente selecionados para que o número de processos encontrados fosse baixo e fosse viável realizar o teste com os 8 participantes. A pesquisa produziu 6 processos de contratação realizados pela UCEVA sob a modalidade de concurso público em 2016, embora o valor possa parecer baixo estes processos totalizam $3.096.896.848.898, a Figura 11-3 mostra a pesquisa realizada no SECOP (Sistema Eletrónico de Contratação Pública - Colômbia) utilizando os critérios de seleção definidos e a Figura 11-4 mostra os resultados encontrados.

Figura 10-1. Realização da tarefa 1-1 para identificar processos

Fonte: elaboração própria

Figura 10-2. Execução da tarefa 1-1 de introdução dos resultados da consulta

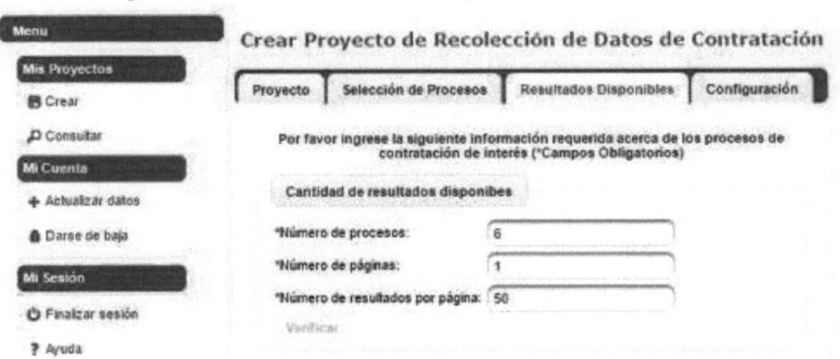

Fonte: elaboração própria

Figura 10-3. Pesquisar no Secop

Fonte: Extraído do Secop

Figura 10-4. Resultados da pesquisa fornecidos pelo Secop

Fonte: Extraído do Secop

Tarefa 1-2. Verificar a seleção: Os primeiros passos que compõem esta tarefa foram definidos de forma a poder verificar se os dados introduzidos pelo Crowdsourcer na tarefa anterior (Tarefa 1-1) estavam isentos de erros. Estes passos são:

- Aceder ao portal da transparência e indicar se está operacional.
- Passo 5: Efetuar uma pesquisa no portal da transparência, introduzindo os critérios de pesquisa definidos e indicar novamente os resultados da consulta (número de registos/processos encontrados, número de páginas que contêm os resultados, número de resultados por página).
- Passo 6: Verificar se os resultados da nova consulta correspondem aos inicialmente introduzidos.

O teste destas etapas foi efectuado manualmente pelo Crowdsourcer, não tendo sido realizado na aplicação protótipo porque os requisitos associados a esta funcionalidade não foram selecionados para implementação.

A última passagem definida na tarefa 1-2:

- Passo 7. Criar projeto de recolha de dados

Permitiu introduzir os dados de descrição do projeto, como mostra a figura 11-5, e foi

realizada utilizando a aplicação protótipo.

Figura 10-5. Realização da tarefa 1-1 de criação do projeto

Fonte: elaboração própria

Tarefa 2: Lançamento

Tarefa 2-1. Configurar e publicar o projeto: Nesta tarefa, são executados os seguintes passos para configurar e publicar o projeto:

- Etapa 8: Definir os dados ou campos de nível básico e intermédio a recolher e o número de contribuições ou respostas necessárias.
- Passo 9. Definir os incentivos a dar para motivar e ativar a participação dos trabalhadores nas tarefas de recolha de dados.
- Passo 10. Programar as tarefas de recolha de dados básicas e intermédias para os processos de recrutamento selecionados.
- Etapa 11: Calcular o custo da realização das tarefas de recolha de dados.
- Passo 12: Apresentar o custo do projeto de recolha de dados e solicitar confirmação.
- Publique as tarefas utilizando outra plataforma de crowdsourcing e recrute trabalhadores da multidão.

O Crowdsourcer, utilizando a aplicação protótipo, efectuou os passos de configuração (passos 8, 9 e 12), como se mostra na figura 11-6 e na figura 11-7, o passo 11 corresponde a um cálculo que é efectuado pela aplicação protótipo.

Para a dimensão do teste (6 processos de recrutamento e 8 utilizadores do Crowdworker), é viável realizar este passo manualmente, mas para realizar testes de maior dimensão, os requisitos associados ao agendamento de tarefas devem ser implementados na aplicação protótipo.

O recrutamento de trabalhadores, último passo desta tarefa (passo 13), não é realizado utilizando outra plataforma de Crowdsourcing como, por exemplo, a AMTurk (que tem milhões de Crowdworkers registados que estão disponíveis para a realização de várias tarefas) porque o presente projeto de investigação é um trabalho académico sem orçamento ou financiamento. Para recrutar os trabalhadores, foi feito um convite a vários estudantes para participarem nesta parte da investigação.

Figura 10-6. Tarefa 2-1 Realização da configuração do projeto

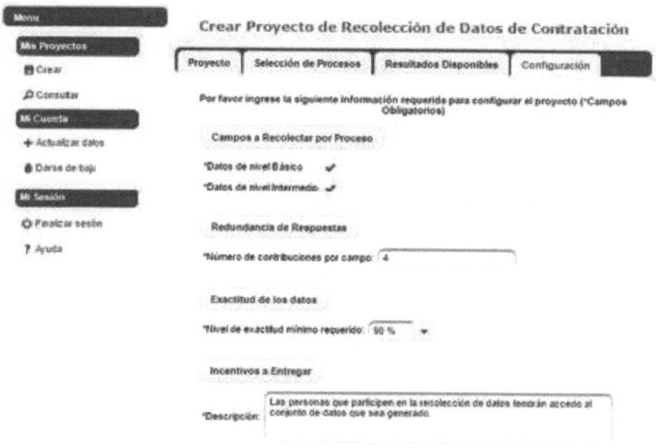

Fonte: elaboração própria

Figura 10-7. Conclusão da tarefa 2-1 publicação do projeto

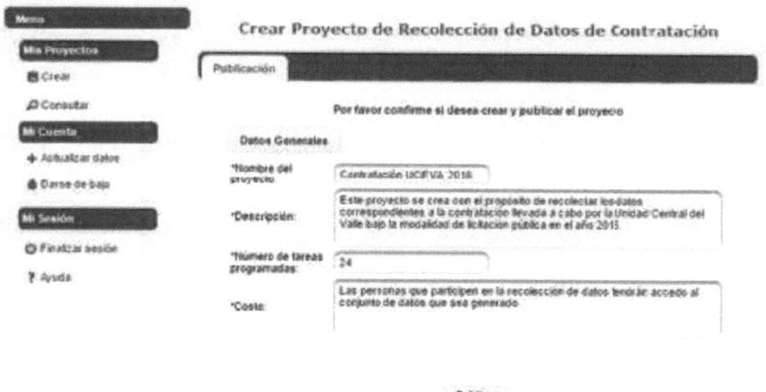

Fonte: elaboração própria

Tarefa 3: Descrever

Tarefa 3-1. Recolher dados de nível básico: Os dois primeiros passos desta tarefa geram os dados em bruto:

- Etapa 14: Seleção de trabalhadores para realizar a tarefa de recolha de dados de base
- Aceder às urls e páginas indicadas e identificar os registos e dados básicos solicitados, copiar (de preferência sempre que possível) ou transcrever esses dados.

A etapa 14 foi realizada pelo Crowdsourcer e as tarefas de recolha de dados foram atribuídas aos alunos que participaram, desempenhando o papel de Crowdworkers.

O passo 15, que é um dos passos mais importantes do método porque é aqui que a recolha de dados tem lugar, foi realizado pelos Crowdworkers utilizando a aplicação protótipo. A cada Crowdworker foram atribuídas 3 tarefas de recolha de dados em processos diferentes, a figura 11-8 apresenta o formulário utilizado nesta tarefa; os utilizadores do Crowdworker puderam fazer alguns pré-testes para se prepararem antes de realizarem o exercício final.

O Anexo F contém os dados brutos recolhidos durante o ensaio.

Figura 10-8. Realização da tarefa de recolha de dados 3-1

Recolección de Datos de Contratación

Datos de nivel Básico

Información General del Proceso

*Número de proceso:	120
*Tipo de proceso:	LICITACION PUBLICA
*Estado del proceso:	CELEBRADO
*Clase [Codigo]:	401017
*Clase descripción:	ENFRIAMIENTO
*Cuantía a contratar: $	279500000
*Tipo de contrato:	COMPRAVENTA
*Municipio de ejecución:	TULUA

Información de la Adjudicación del Proceso

*Orden de elegibilidad: (Puntos)	1000
*Nombre o razon social del proponente seleccionado:	PROGEIN LTDA

Información de los Contratos Asociados al Proceso

*Número de contrato:	181
*Estado del contrato:	CELEBRADO
*Cuantía definitiva del contrato: $	332.951.095.00
*Porcentaje de anticipo: %	50
*Ciudad de ubicación del contratista:	BOGOTA
*Plazo de ejecucion del contrato: (dias)	60
*Destinación del gasto:	INVERSION
*Origen de los recursos:	RECURSOS PROPIOS

Fonte: elaboração própria

As duas últimas etapas desta tarefa permitem gerar os dados finais:

- Etapa 16: Executar o procedimento de controlo da qualidade com base na agregação dos resultados.
- Etapa 17: gerar dados básicos para os processos de aquisição selecionados

Uma vez que os dados em bruto são potencialmente ruidosos, ou seja, durante a recolha, por qualquer razão, podem ser introduzidos erros que distorcem o seu valor. do valor exato a capturar, o método contempla a tentativa de correção desses erros. O passo 16, que acabou por ser o passo mais relevante do método, permitiu efetuar o controlo de qualidade, o qual foi realizado com recurso ao algoritmo evolutivo aplicando a abordagem de agregação de resultados, sendo que na secção seguinte se analisam os resultados finais obtidos.

Finalmente, dado que a recolha de dados de nível intermédio (tarefa 41) envolve os mesmos passos que a recolha de dados de nível básico (tarefa 3-1), ao implementar esta parte na aplicação protótipo, estas tarefas foram fundidas num único formulário onde foram introduzidos todos os dados a recolher. Isto foi possível porque todos os dados de um processo são recolhidos da mesma fonte (página), os resultados obtidos para a recolha de dados de nível intermédio são também apresentados na secção seguinte.

10.2 Resultados obtidos e discussão

A secção anterior apresentou uma descrição da primeira parte do teste realizado para testar o método proposto. Nesta parte, os resultados obtidos mostraram que, ao efetuar os diferentes passos que compõem o método, é gerado o conjunto de dados dos processos de recrutamento de interesse.

Uma vez disponível o conjunto de dados final, procedeu-se à segunda parte do teste, em que o objetivo era examinar a proximidade entre os dados finais gerados e os valores exactos a recolher. Para esta comparação, foi utilizado um conjunto de dados fiável, gerado anteriormente para os mesmos processos de aquisição.

A figura 11-9 e a figura 11-10 apresentam em conjunto: os dados brutos recolhidos; os dados finais gerados pelo algoritmo evolutivo a partir dos dados brutos (representando um consenso resultante da agregação dos inputs); os dados fiáveis, que foram gerados, revistos e ajustados para erros. Todos os dados estão associados ao mesmo processo de recrutamento identificado pelo número 129.

Figura 10-9. Dados associados ao processo de aquisição n.º 129 - Parte 1

DATO CONFIABLE	129	LICITACION PUBLICA	CELEBRADO	401017	ENFRIAMIENTO	279500000	COMPRAVENTA	TULUA	1000	PROGEIN LTDA
DATO FINAL	129	LICITACION PUBLICA	CELEBRADO	401017	ENFRIAMIENTO	279500000	COMPRAVENTA	TULUA	1000	PROGEIN LTDA
DATO BRUTO	129	LICITACION PUBLICA	CONVOCADO	401017	ENFRIAMIENTO	27950000	COMPRAVENTA	BUGA	1000	ROGEIN LTDA
	129	ICITACION PUBLIC	CELEBRADO	401017	ENFRIAMIENTO	279500000	COMPRAVENTA	TULUA	1000	PROEIN LTDA
	129	LICITACION PUBLICA	CELEBRADO	41017	ENFRIAMIENTO	27950000	COMPRAVENTA	TULUA	1000	PROGEIN LTD
	129	LICITACION PUBLICA	CELEBRADO	401017	ENFRIAMIENTO	279500000	COMPRAVENTA	TULUA	1.000	PROGEIN LTDA

Fonte: elaboração própria

Figura 10-10. Dados associados ao processo de aquisição n.º 129 - Parte 2

181	CELEBRADO	332,951,095.00	50	BOGOTA	60	INVERSION	RECURSOS PROPIOS	PROGEIN LTDA	800165236-1	1000	332951095	19459562
181	CELEBRADO	ERROR	50	BOGOTA	60	INVERSION	RECURSOS PROPIOS	PROGEIN LTDA	ERROR	1.000	ERROR	ERROR
181	CELEBRADO	332.951.095	50	BOGOTA	60 Dias	INVERSION	RECURSOS PROPIOS	PROGEIN LTD	800165236-1	1000	33.291.095	19459562
181	CELEBRADO	332.951095	50	BOGOTA	60	INVERSION	RECURSOS PROPIOS	PROGEIN LTDA	800165236-1	1000	332.951.095	19459562
181	CELEBRADO	332,951,095	BOGOTA	BOGOTA	60	INVERSION	RECURSOS PROPIOS	PROGEIN LTDA	800165236	1000	332.951.095	1949862
191	CELEBRADO	332,951,095	50	BOGOTA	60	INVERSIO	RECURSOS PROPIOS	PROGEIN LTDA	800165236-1	1000	332.951.095	19459562

Fonte: elaboração própria

Nas figuras acima, a primeira linha (fundo azul) corresponde aos dados fiáveis que não contêm erros, o valor de cada um destes campos corresponde ao valor original do campo publicado no Secop (o Anexo H contém a informação original retirada do Secop dos processos utilizados para o teste). A segunda linha (fundo verde) contém os dados finais que são gerados a partir do processamento dos dados brutos correspondentes às quatro últimas linhas (fundo cor-de-rosa).

O conjunto de dados gerado tem um total de 23 campos, que são especificados no Anexo D. As colunas correspondem aos campos de cada conjunto de dados e a vermelho estão desenhados os valores que correspondem a eventuais erros.

A primeira coluna contém o número do processo, que é um identificador interno atribuído pela entidade pública contratante. No caso do processo 129, que é tomado como exemplo, o conjunto de dados final apresenta erros em 4 dos 23 campos, o que é surpreendente porque o objetivo seria não ter quaisquer erros. Mas analisando o conjunto de dados em bruto, que é o input para gerar os dados finais, observa-se que tinha 15 campos que tinham pelo menos um erro em alguma das suas entradas. Isto significa que, aplicando o mecanismo de controlo de qualidade que é realizado com o algoritmo evolutivo que agrega as entradas e gera os dados finais, foi possível gerar saídas corretas para 11 dos 15 campos que continham erros.

Comportamentos semelhantes e também variações foram observados com os conjuntos de dados dos restantes processos. A Figura 11-11 e a Figura 11-12 apresentam os dados associados ao processo de aquisição n.º 33.

Figura 10-11. Dados associados ao processo de aquisição n.º 33 - Parte 1

DADOS FIÁVEIS	33	CONCURSO PÚBLICO	MANTIDO	921215	SERVIÇOS DE GUARDAS	437,267,662	BENEFÍCIO DE SERVIÇOS	TULUA	1.000	TECNISEG DE COLOMBIA LTDA
DADOS FINAIS	33	CONCURSO PÚBLICO	MANTIDO	921215	ERRO	ERRO	ERRO	TULUA	1.000	ERRO
DADOS BRUTOS	33	CONCURSO PÚBLICO	MANTIDO	921215	SERVIÇOS DE GUARDAS	437,267,662	DE SERVIÇOS	TULOA	1.000	TECNISEG DE COLÔMBIA
	33	CONCURSO PÚBLICO	MANTIDO	92121	SERVIÇOS DE GUARDAS	437,267,662	SERVIÇOS EIN	TULUA	100	TECNISEG COLÔMBIA LTDA
	33	CONCURSO PÚBLICO	MANTIDO	921215	SERVIÇOS GUARDAS	437,267,662	DE SERVIÇOS	TULUA	1.000	TECNISEG DE COLOMBIA LTDA
	33	CONCURSO PÚBLICO	MANTIDO	921215	SERVIÇOS DE GUARDAS	437,267	DE SERVIÇOS	TULUA	1.000	TECNISEG DE COLOMBIA LTDA

Fonte: elaboração própriaFigura 10-12. Dados associados ao processo de aquisição n.º 33 - Parte 2

68	MANTIDO	437,182.705.00	ND	ND	263	FUNCIONAMENTO	RECURSOS PRÓPRIO	COLOMBIA LTDA	830.063.683-1	1000	437.182.705	72.324.818
68	MANTIDO	ERRO	ND	ND	263	ERRO	RECURSOS PRÓPRIO	ERRO	ERRO	1000	ERRO	ERRO
68	MANTIDO	437,192,705.00	ND	ND	233	FLINCI ON AMI ENT	RECURSOS PRÓPRIO	COLOMBIA LTDA	830.063.683-1	1000	437.192.705	72.324.819
8	MANTIDO	437,182,705.00	ND	ND	263	FUNCIONAMENTO	RECURSOS PRÓPRIO	COLOMBIA LTDA	830.063.683	1000	437.182.705	72.324.818
68	MANTIDO	437,182,70	ND	ND	263	FUNCIONAMENTO	RECURSOS PRÓPRIO	IG DA COLÔMBIA	830.063.683-1	1000	37.182.705	72.324.818
68	MANTIDO	437,182,705.00	ND	ND	263	FUNCIONAMENTO	RECURSOS PRÓPRIO	COLOMBIA LTDA	830.063.683-1	100	437.182.705	7.232.481

Fonte: elaboração própria

Com o processo 33, o conjunto de dados final tem erros em 10 dos 23 campos, o que é mais do que no caso anterior. Ao analisar o conjunto de dados em bruto, observou-se que 17 campos tinham pelo menos um erro em qualquer das suas entradas, ou seja, apenas mais 1 campo do que o anterior, mas os erros no conjunto de dados final mais do que duplicaram.

Para perceber o que estava a acontecer, examinámos os outros dados associados aos restantes processos e conseguimos identificar duas situações que levaram o algoritmo evolutivo a não calcular a string média correspondente aos dados finais:

- A primeira situação estava associada a entradas de dados brutos com qualquer palavra ou elemento com mais de 12 caracteres. Esta é uma restrição do algoritmo evolutivo (discutida na secção 10.3.6) que foi tida em conta e eram esperados problemas com entradas correspondentes a palavras longas, mas não foi contemplado que alguns campos como o montante a contratar ou a nit excedessem este limite ao incluir caracteres como pontos e hífenes. Um exemplo de uma entrada deste tipo poderia ser "890.935.513-9" que, com 13 caracteres, provoca um estouro de memória no algoritmo, conduzindo, na maioria dos casos, a um erro em tempo de execução que não permite ter uma cadeia de saída média, pelo que nas figuras se observa a palavra ERRO nos campos em que esta situação ocorre.

• A segunda situação estava também relacionada com a restrição do tamanho das cadeias de entrada, o que significava que as cadeias da mesma entrada tinham de ser tratadas separadamente. Os erros ocorriam quando havia entradas brutas para um campo que era composto por mais de duas palavras. Se alguma das entradas tivesse um erro devido à falta de uma das palavras, as strings de entrada do algoritmo não eram alinhadas, produzindo uma string média que apresentava grande dissemelhança em relação às entradas.

Outra situação que pode levar a não se conseguir obter um dado final próximo ou igual ao dado confiável é quando as entradas brutas apresentam uma grande dissimilaridade entre si, ou seja, são bastante diferentes. Essa situação não ocorreu com os dados coletados para o teste, mas deve ser considerada.

As figuras seguintes apresentam os dados relativos aos outros processos de contratação.

Figura 10-13. Dados associados ao processo de aquisição n.º 159 - Parte 1

DATO FIABILIDADE	159	PROCESSO DE CONCURSO PÚBLICO	PREMIADO	561015	MÓVEIS	464,500.00 0	COMPRA E VENDA	TULUA	1.000	ESPAÇOS E PROJECTOS DO SÉCULO XXI Ξ.A.Ξ.Ξ
DADOS FINAIS	159	CONCURSO PÚBLICO PÚBLICO	PREMIADO	561015	MÓVEIS	FALHA	COMPRA E VENDA	TULUA	1000 DOTS	FALHA
DATO BRUTO	159	CONCURSO PÚBLICO PÚBLICO	PREMIADO	561015	MÓVEIS	464.500.00 0	COMPRA E VENDA	TULUA	1.000	ESPAÇOS E PROJECTOS DO SÉCULO XXI Ξ.A.Ξ.Ξ
	159	CONCURSO PÚBLICO PÚBLICO	PREMIADO	561015	MEBLES	464500000	COMPRA E VENDA	TULUA	1.000	ESPAÇOS E DESENHOS XXI Ξ.A.A.Ξ
	159	CONCURSO PÚBLICO PÚBLICO	PREMIADO	56101	MÓVEIS	464.500.00 0	COMPRA E VENDA	TÚLIA	1.000	ESPAÇOS E PROJECTOS DO SÉCULO XXI Ξ.A.Ξ.Ξ
	159	CONCURSO PÚBLICO PÚBLICO	PREMIADO	601047	MÓVEIS	464.500.00 0	COMPRA E VENDA	TULUA	1.000	ESPAÇOS E PROJECTOS SÉCULO XXI Ξ.A.Ξ

Fonte: elaboração própria

Figura 10-14. Dados associados ao processo de aquisição n.º 159 - parte 2

ND	ND	ND	ND	ND	ND	ND	ND	ESPAÇOS E CONCEBE O SÉCULO XXI	900.425.814-8	1000	484.000.000	1.130.594.707
ND	ND	ND	ND	ND	ND	ND	ND	FALHA	FALHA	1000	FALHA	FALHA
ND	ND	ND	ND	ND	ND	ND	ND	ESPAÇOS Y DESENHOS SÉCULO XXI	900.425.814-8	1000	464.000.000	113.059.470
ND	ND	ND	ND	ND	ND	ND	ND	ESPAÇOS E CONCEBE XXI Ξ.A.Ξ.A.Ξ	900.425.814-8	1000	64 000.000	1.130.594.707
ND	ND	ND	ND	ND	ND	ND	ND	ESPAÇOS Y DESENHOS SÉCULO XXI	900.425.814-8	1000	464.000.000	1.130.584.707
ND	ND	ND	ND	ND	ND	ND	ND	ESPAÇOS E PROJECTOS SÉCULO XXI	900.425.814	1000	464.000.000	1.130.584.707

Fonte: elaboração própria

Relativamente ao processo anterior n.º 159, o conjunto de dados final apresenta erros em 6 dos 15 campos disponíveis e o conjunto de dados em bruto apresentava erros em 9 campos, ou seja, continua a verificar-se que os erros são corrigidos com o processamento dos inputs; para este processo, não estavam disponíveis informações sobre os contratos no Secop, pelo que o conjunto de dados não tem 23 campos como nos casos anteriores.

Figura 10-15. Dados associados ao processo de aquisição n.º 160

DATO FIABILIDADE	150	CONCURSO PÚBLICO	RETIRADO	4-91716	EQUIPAMENTO PARA CAIXA	7CCCCCCCCCCCC	COMPRA E VENDA	A SUA LUA

DADOS FINAIS	160	CONCURSO PÚBLICO	RETIRADO	491716	EQUIPAMENTO PARA	700000000	COMPRA E VENDA	TULUA
DADOS BRUTOS	160	CONCURSO PÚBLICO	RETIRADO	491716	EQUIPAMENTO PARA	70000000	COMPRA E VENDA	TULUA
	150	CONCURSO PÚBLICO	RETIRADO	49176	EQUIPAMENTO PARA CAIXA	700000000	COMPRA E VENDA	TULUA
	150	CONCURSO PÚBLICO	RETIRADO	491716	EQUIPAMENTO PARA CAIXA	700000000	COMPRA E VENDA	TULUA
	150	CONCURSO PÚBLICO	RETIRADO	491716	EQUIPAMENTO PARA CAIXA	700000000	COMPRA E VENDA	TLUA

Fonte: elaboração própria

O processo de contratação n.º 160 foi rejeitado, pelo que apenas alguns campos estavam disponíveis no Secop. Desta vez, o conjunto de dados final gerado correspondeu ao conjunto de dados fiável, uma vez que todos os erros apresentados (3 no total) puderam ser corrigidos.

No último processo n.º 113, o conjunto de dados final apresentava erros em 8 dos 23 campos disponíveis e o conjunto de dados em bruto apresentava erros em 14 campos, o que, mais uma vez, mostra que os erros continuam a ser corrigidos, mas os problemas acima referidos continuam presentes.

Figura 10-16. Dados associados ao processo de aquisição n.º 113 - Parte 1

DATO FIABILIDADE	113	CONCURSO PÚBLICO PÚBLICO	MANTIDO	601047	MATERIAIS DE FÍSICA DE ENERGIA E ELECTRICIDADE	700000000	COMPRA E VENDA	TULUA	1.000	ANALÍTICO A ΞΞAΞ
DADOS FINAIS	113	CONCURSO PÚBLICO PÚBLICO	MANTIDO	B01047	FALHA	700000000	COMPRA E VENDA	TULUA	1.000	FALHA
DATO BRUTO	113	PROCESSO DE CONCURSO PÚBLICO	MANTIDO	601047	TE RIALS DE FÍSICA DE ENERGIA E ELECTRICIDADE	700000000	COMPRA E VENDA	TULUA	1.000	ANALÍTICO A
	113	CONCURSO PÚBLICO PÚBLICO	MANTIDO	601047	MATERIAIS DE FÍSICA DE ENERGIA E ELECTRICIDADE	70000000	COMPRA E VENDA	TULA	1.000	ANALÍTICO A Ξ.A.Ξ
	113	CONCURSO PÚBLICO PÚBLICO	MANTIDO	601047	MATERIAIS DE FÍSICA ENERGIA E ELECTRICIDADE	700000000	COMPRA E VENDA	TULUA	1.000	ANALÍTICO A Ξ.A.Ξ
	113	CONCURSO PÚBLICO FULICA	MANTIDO	601047	MATERIAIS DE FÍSICA DE ENERGIA E ELECTRICIDADE	700000000	COMPRA E VENDA	TULUA	1.000	ANALÍTICO A Ξ.A.Ξ

Fonte: elaboração própria

Figura 10-17. Dados associados ao processo de aquisição n.º 113 - Parte 2

170	MANTIDO	697,705,084.00	ANALÍTICA ΞΞAΞ	MEDELLIN	90	INVESTIMENTO	RECURSOS PRÓPRIO	ANALÍTICO ASAS	890.935.513-8	1000	687.705.084,00	4.326.602
170	MANTIDO	FALHA	FALHA	MEDELLIN	80	INVESTIMENTO	RECURSOS PRÓPRIO	FALHA	FALHA	1008	FALHA	FALHA
170	MANTIDO	697,705,084.00	ANALÍTICA	MEDELLIN	90	INVESTIMENTO	RECURSOS PRÓPRIO	ANALÍTICO AAS	890.935.513-	1000	87.705.084,00	4.326.029
170	MANTIDO	87,705,084.00	ANALÍTICA Ξ.A.Ξ	CHAMADAS	80	INVESTIMENTO	RECURSOS PRÓPRIOS	ANALÍTICO A Ξ.A.Ξ.A.Ξ	890.835.513-8	1008	68.770.504,00	43.268.029
170	MANTIDO	697,705,084.00	ANALÍTICA Ξ.A.Ξ	MEDELLIN	80	INVESTIMENTO	RECURSOS PRÓPRIOS	ANALÍTICO A Ξ.A.Ξ.A.Ξ	880.35.513-8	1008	687.705.084,00	43.268.029
70	MANTIDO	697,705,084.00	ANALÍTICA Ξ.A	MEDELLIN	80	INVERDIAÇÃO	RECURSOS PRÓPRIO	ANALÍTICO A Ξ.A.Ξ	890.835.513-8	10	687.705.084,00	43.266.029

Fonte: elaboração própria

O quadro 20 resume os resultados obtidos para o teste em que todos os dados finais gerados para os processos de recrutamento têm menos campos com erros do que os conjuntos de dados brutos, que têm sempre erros.

Quadro 10-1 Resumo dos resultados obtidos

Processo	N.º de campos brutos com erros	N.º de campos em Endgame com erros	N.º de campos corrigidos
Processo n.º 129	15 de 23	4 de 23	11
Processo n.º 33	17 de 23	10 de 23	7
Processo n.º 113	14 de 23	8 de 23	6
Processo n.º 159	9 de 15	6 de 15	3
Processo n.º 160	3 de 8	0 de 8	3

Por último, é de salientar que a incorporação do elemento humano no processo de recolha de dados permitiu gerar o conjunto de dados, mas com alguns erros que, em certos casos, puderam ser corrigidos utilizando o algoritmo evolutivo que funcionou como um mecanismo de controlo de qualidade.

CONCLUSÕES

Na literatura científica existem vários trabalhos em que o Crowdsourcing foi utilizado como método de recolha de dados, para diferentes situações e áreas de aplicação, com bons resultados. Surpreendentemente, não foi encontrado nenhum que pudesse ser utilizado como orientação geral na definição do método. Foram recolhidos diferentes elementos soltos de vários trabalhos, que foram posteriormente utilizados na definição do método proposto, juntamente com outros elementos que foram encontrados na sequência do procedimento definido para a sua elaboração.

O método de recolha de dados proposto foi testado e os resultados obtidos mostraram que, ao realizar os diferentes passos especificados, é gerado o conjunto de dados dos processos de recrutamento de interesse. Ao examinar a proximidade entre os dados finais gerados e os valores exactos a recolher, verificou-se que a incorporação do elemento humano no processo de recolha de dados introduziu alguns erros que, em certos casos, puderam ser corrigidos utilizando o algoritmo evolutivo que funcionou como mecanismo de controlo de qualidade.

Entre os erros identificados, verificou-se que alguns são gerados: ao transcrever os dados pedidos, este tipo de erro introduz caracteres errados em qualquer posição da cadeia de entrada; ao copiar os dados pedidos da página de origem, este erro pode eliminar caracteres no início ou no fim da cadeia ou mesmo incorporar caracteres que não fazem parte dos dados originais a copiar; copiar ou transcrever um valor totalmente errado. Foi também identificado que ocorrem menos erros quando a GUI utiliza entradas com controlos fechados, como uma lista de seleção, mas este tipo de controlos só pode ser utilizado quando se conhecem os diferentes valores de entrada possíveis.

Quanto ao algoritmo evolutivo, foi concebido com o objetivo de o utilizar para gerar dados finais a partir dos dados brutos recolhidos através do Crowdsourcing, por isso implementa a abordagem de agregação de resultados para encontrar a cadeia média que encontra de forma adequada. Mas ao utilizá-lo para agregar entradas redundantes, a qualidade da resposta depende das cadeias de entrada, que não devem ter grandes desvios em relação ao valor exato a ser capturado. Esta é uma restrição associada à utilização do algoritmo e não ao algoritmo em si, que apresenta de facto uma restrição ao tamanho das cadeias de entrada, que não podem exceder 12 caracteres, pois esta situação implica que não se possa calcular a cadeia média. Quanto ao tempo que este algoritmo necessita para calcular a string média, verificou-se que não cresce exponencialmente em relação ao tamanho da string, o que na prática significa que a string média pode ser encontrada em poucos segundos.

Os dados publicados no Secop são uma fonte valiosa de informação sobre contratos públicos que pode ser utilizada para gerar conjuntos de dados ainda mais completos do que os fornecidos pelos países da UE, onde os sistemas de contratos públicos apenas publicam alguns dados para cada processo de contratação efectuado.

Por fim, pode dizer-se que os resultados do trabalho realizado dão resposta à questão de investigação sobre como gerar conjuntos de dados de processos de contratação pública a partir de informação não estruturada publicada na Web, utilizando o crowdsourcing como método de recolha de dados. Tendo em conta que os resultados obtidos permitem identificar a presença de problemas associados à qualidade que estes conjuntos de dados podem ter, o trabalho a seguir deverá levantar questões sobre como melhorar a qualidade destes conjuntos de dados.

RECOMENDAÇÕES E TRABALHOS FUTUROS

Seguem-se algumas recomendações e alguns dos trabalhos futuros a desenvolver:

- Para ultrapassar a restrição do tamanho das cadeias de entrada no algoritmo evolutivo, propõe-se como trabalho futuro efetuar uma nova implementação deste algoritmo utilizando uma linguagem não tipada como o Racket (Scheme) que não imponha limitações ao tamanho da memória atribuída às variáveis, de modo a que o comprimento das cadeias de entrada possa ser alargado.
- Testar o desempenho do algoritmo evolutivo desenvolvido para encontrar a cadeia média em comparação com outros algoritmos reconhecidos como os mais avançados.
- Efetuar testes em cenários reais para gerar grandes conjuntos de dados e poder apresentar resultados generalizáveis.
- Desenvolver um novo mecanismo de controlo de qualidade mais robusto que combine várias técnicas como a pré-seleção, os dados de ouro e a reputação, tirando também partido do algoritmo evolutivo desenvolvido.
- Desenvolver um novo método de recolha de dados de recrutamento, mas combinando técnicas de recuperação e extração de informação que são complementadas por crowdsourcing para tirar partido das vantagens de cada uma.
- Desenvolver validadores especializados de acordo com a natureza dos dados a captar, a utilizar no momento da introdução dos dados para evitar ou garantir determinadas condições e/ou formatação nas cadeias de entrada.
- Desenvolver um método baseado em crowdsourcing para avaliar sinais de alerta (indicadores de possível corrupção) em conjuntos de dados e utilizar todos estes dados para gerar modelos analíticos que possam ser utilizados para estudar o que acontece nos contratos públicos.

BIBLIOGRAFIA

AMSTERDAMER, Yael, GROSSMAN, Yael, MILO, Tova, e SENELLART, Pierre. Crowd mining. In: Conferência Internacional sobre Gestão de Dados. s.l: ACM, 2013, p.241.

BARDHAN, Pranab. Corruption and development: a review of issues. In: Journal of Economic Literature, 1997, vol.35, no.3, p.1320.

BARR, Joshua, PINILLA, Edgar, e FINKE, Jorge. Uma perspetiva jurídica sobre a utilização de modelos na luta contra a corrupção, In: South Carolina Journal of International Law and Business. 2012, vol.8, no.2, p.266.

BENATALLAH, A., et al. Quality Control in Crowdsourcing Systems: Issues and Diretions. In: IEEE Internet Computing, 2013, vol.17, no.2, p.76.

BERLOT, Carlo, JAEGER, Paul, e GRIMES, Justin. Utilizar as TIC para criar uma cultura de transparência: o governo eletrónico e as redes sociais como ferramentas de abertura e anticorrupção para as sociedades. In: Government Information Quarterly, 2010, vol.27, no.3, p.264.

Crowd-Sourcing Transparency: ICTs, Social Media, and Government Transparency Initiatives. In: 11th Annual International Conference on Digital Government Research, Puebla: ACM, 2010, p.53.

BRABHAM, Darem. Crowdsourcing como modelo para resolução de problemas: Uma introdução e casos. In: Convergence: The International Journal of Research into New Media Technologies, 2008, vol.14, no.1, p.75-90.

BRUNETTI, Aymo, e WEDER, Beatrice. A Free Press is Bad News for Corruption. In: Journal of Public Economics, 2003, vol.87, no.7, p.1801-1824.

BUSCAGLIA, Edgardo, e DIJK, Van. Controlando o Crime Organizado e a Corrupção no Setor Público. In: Forum on Crime and Society, 2004, vol.3, no.1, p.3.

CARVAJAL, Raul. Corrupção em larga escala: definição, causas e curas. In: Prática Sistémica e Investigação-Ação, 1999, vol.12, no.4, p.335.

CEES, Van der Eijk e Mark Franklin. Elections and voters: Assessing electoral democracy. Londres: Palgrave Macmillan, 2009, p. 213.

CHEN, Guoying, et al. The Effectiveness and Limitations of Internet AntiCorruption A Perspective of Institutional Analysis (Eficácia e Limitações do Combate à Corrupção na Internet - Uma Perspetiva de Análise Institucional). In: Conferência Internacional sobre Gestão do Comércio Eletrónico e do Governo Eletrónico. Beijing: IEEE, 2012, p.85.

CLAD. Carta Ibero-Americana de Governo Eletrónico. [em linha]. Santiago do Chile: novembro de 2007 [acedido em 8 de fevereiro de 2016]. Disponível online: CRIADO, Ignacio. e RAMILO, Carmen. Para uma visão integrada do governo eletrónico. In: Revista Vasca de Economía. 2003, vol.3, no.54, p.194.

CRIADO, Ignacio, e COROJAN, Ana. Podem as TIC mudar a transparência, o combate à corrupção e a prestação de contas nos governos da América Latina: uma abordagem comparativa com os países da América Central. In: XIV Encuentro de Lationoamericanistas Españoles 200 años de Iberoamérica (1810-2010). Santiago de Compostela: Universidad de Santiago de Compostela, 2010, p. 2037.

DE GRAFF, Gjalt, e HUBERTS, Leo. Retratando a natureza da corrupção usando um desenho de estudo de caso exploratório. In: Public administration review, 2008,

vol.68, no.4, p.640.
DiRienzo, Cassandra, et al. Corruption and the Role of Information (Corrupção e o Papel da Informação). In: Journal of International Business Studies, 2007, vol.38, no.1, p.320-332.
DUNLEAVY, Patrick, et al. Digital Era Governance: IT Corporations, the State and E-government [Governação da Era Digital: Empresas de TI, o Estado e a Administração Pública Eletrónica]. Oxford: Oxford University Press. 2006. p.28.
ERICKSON, Thomas. Geocentric Crowdsourcing and Smarter Cities: Enabling Urban Intelligencein Cities and Regions. In: 1st International conference on ubiquitous computing. Copenhaga: ACM, 2010, p.4.
ESTELLÉS, Enrique, GONZÁLEZ, LADRÓN-DE-GUEVARA. Rumo a uma definição integrada de crowdsourcing. In: Journal of Information Science, 2012, vol.38, no.2, p.189-200.
FAJARDO, Luis. La Corrupción Heredada: Pasado Colonial, Sistema Legal y Desarrollo Económico en Colombia. In: Revista de estudios sociales Universidad de los Andes. 2002, vol.1, no.12, p.22.
FAN, y., ZHANG, z., e YUE, q. Administração pública eletrónica, transparência e anti-corrupção: como pode a administração pública eletrónica reduzir eficazmente a corrupção na China? In: *International* Conference on Management of e-Commerce and e-Government. s.l: IEEE, 2009. p.101.
FAN, Yujian, ZHANG, Zengtian, e YUE, Qingchun. Administração pública eletrónica, transparência e anticorrupção. Como pode a administração pública eletrónica reduzir eficazmente a corrupção na China? thIn: 9 International Conference on Management of e-Commerce and eGovernment, Nanchang: IEEE, 2009, p.101.
FASEKAS, Mihály, TÓTH, János, e KING, Peter. Anatomia da grande corrupção: Um índice composto de risco de corrupção baseado em dados objectivos. Budapeste: Centro de Investigação da Corrupção de Budapeste, 2013. p. 9.
FASEKAS, Mihály, TÓTH, János, e KING, Peter: Corruption manual for beginners: Corruption techniques in public procurement with examples from Hungary. Budapeste: Centro de Investigação da Corrupção de Budapeste, 2013. p.10.
FLORINI, Ann. The Right to Know: Transparency for an Open World [O Direito de Saber: Transparência para um Mundo Aberto]. s.l: Columbia University Press, 2007, 376 pp.
GASCÓ, Mila. O papel das instituições no desenvolvimento do governo eletrónico na América Latina: algumas reflexões. In: Revista Chilena de Administración Pública, 2009, vol.1, no.14, p.37.
GOKHALE, Chaitanya, et al. Corleone: Hands-off crowdsourcing for entity matching. Em: Conferência Internacional ACM SIGMOD sobre Gestão de Dados. Snowbird: ACM, 2014, p.601.
GOMEZ, Iván, e VILLA, Fredy. *Control al Control de la Contratación Riesgos, Desaciertos y Posibilidades.* Bogotá: Auditoría General de la Republica. 2010. p.3.
HEEKS, Richard. Information Systems for Public Management: Information Technology and Public Setor Corruption. Manchester: IDPM-Universidade de Manchester, 2000, p.1-15.
HOSSEINI, M., PHALP, K., TAYLOR, J. e R. Ali. thThe Four Pillars of Crowdsourcing: A Reference Model, In: 8 International Conference on Research Challenges in

Information Science. Marrakesh: IEEE, 2014, p.1-12.
HOWE, Jeff. A ascensão do crowdsourcing. In: Wired Magazing, 2006, vol.14, no.6, p.61. http://www.wired.com/2006/06/crowds/
IPEIROTIS, Panagiotis G., et al. Repeated labeling using multiple noisy labelers. Data Mining and Knowledge Discovery, 2014, vol. 28, no 2, p. 402-441.
KAZAI, Gabriella, KAMPS, Jaap, e MILIC-FRAYLING, Natasa. Tipos de trabalhadores e traços de personalidade em etiquetas de relevância de crowdsourcing. In: 20th International conference on Information and knowledge management. Glasgow: ACM, 2011, p.1941.
KOHONEN, Teuvo. Median strings. Pattern Recognition Letters, 1985, vol. 3, no 5, p. 309-313.
LARMOUR, Peter, e WOLANIN, Nick. Corruption & Anti-corruption. Camberra: Asia Pacific Press, 2001, 262 pp.
LEI, Duan, SATOSHI, Oyama, HARUNHIKO, Sato, e MASAHITO, Kurihara. Separado ou conjunto? Estimativa de múltiplos rótulos a partir de anotações de crowdsourcing. In: Expert Systems with Applications, 2014, vol.41, no.13, p.5723.
MAHMOOD, Rumel. Poderão as tecnologias da informação e da comunicação ajudar a reduzir a corrupção? How so and why not: Two case Studies from South Asia. In: Perspectives on Global Development and Technology, 2006, vol.3, no.3, p.347.
MATHEUS, Ricardo, RIBERIRO, Manuella, VAZ, José, e SOUZA, Cesar. Uso da Internet para controle e participação social: o que os governos locais estão fazendo na América Latina? In: 4th International Conference on Theory and Practice of Electronic Governance. Beijing: ACM, 2010, p.333.
MCCULLAGH, Karen. Democracia eletrónica: potencial para uma revolução política? In: International Journal of Law and Information Technology, 2003, vol.11, no.2, p.149-161.
MURUGESAN, San. Entendendo a Web 2.0. In: IT Professional, 2007, vol.9, no.4, p.34.
NDOU, Valentina. Governo eletrónico para os países em desenvolvimento: oportunidades e desafios. In: The Electronic Journal of Information Systems in Developing Countries (EJISDC), 2005, vol.18, no.1, p.15.
NICHOLLS, Collins, et al. Corruption and misuse of public office. Oxford: Oxford University Press, 2006, p.20.
O'REILLY, Tim. Web 2.0: Definição compacta? [em linha] outubro de 2005. [acedido em 9 de fevereiro de 2016]. Disponível online: http://radar.oreilly.com/2005/10/web-20-compact-definition.html
OLESON, David, et al. Programmatic gold: Garantia de qualidade direcionada e escalável em crowdsourcing. In: 25.ª Conferência da AAAI sobre Inteligência Artificial. São Francisco: Associação para o Avanço da Inteligência Artificial, 2011, p.43.
ORIOL, P, Joan. Novas tecnologias, democracia e eficácia das instituições políticas. In: Revista de Sociología. 2005, vol.78, p.151.
PAOLACCI, Gabriele, CHANDLER, Jesse, e IPEIROTIS, Panagiotis. Executando Experiências no Amazon Mechanical Turk. In: Judgment and Decision Making, 2010, vol.5, no.5, p.411.

PAPADOPOULOU, Chrysaida-Aliki, e GIAOUTZI, Maria. Crowdsourcing como ferramenta de aquisição de conhecimento no planeamento espacial. In: Future Internet. 2014, vol.6, no.1, p109.

PORTER, Joshua. Designing for the Social Web. s.l: New Riders Press, 2008, p.5.

QUINN, Alexander, e BEDERSON, Benjamin. Computação humana: um levantamento e taxonomia de um campo em crescimento. In: Conferência sobre Factores Humanos em Sistemas Informáticos. Vancouver: ACM, 2011, p.1403-1412.

REILLEY, Katherine, e ECHEBERRIA, Raúl. The Role of the Citizen and CSOs in e-Government: A Study of e-Government in Eight Latin American and Caribbean Countries [O Papel do Cidadão e das OSC no Governo Eletrónico: Um Estudo do Governo Eletrónico em Oito Países da América Latina e das Caraíbas]. [em linha]. janeiro de 2003 [acedido em 8 de fevereiro de 2016]. Disponível online: http://lac.derechos.apc.org/investigacion/e- gobierno.pdf

RELLY, J. E., e SABHARWAL, Meghna. Perceptions of transparency of government policymaking: A cross-national study [Percepções de transparência da elaboração de políticas governamentais: um estudo transnacional]. Government Information Quarterly, 2009, vol.26, no.1, p.148.

ROBERTS, Alasdair. Blacked out: Government secrecy in the information age. Nova Iorque: Cambridge University Press, 2006, p. 322.

ROSE-ACKERMAN, Susan. O Papel do Banco Mundial no Controlo da Corrupção. In: Law & Policy in International Business, 2007, vol.29, no.1, p.29.

ROSS, J., et al. Who are the crowdworkers: shifting demographics in mechanical turk. In: 28.ª Conferência Internacional sobre Factores Humanos em Sistemas Informáticos. Atlanta: ACM, 2010, p.2863.

SANTOS, L. A. Accountability, acesso à informação e participação e tomada de decisão governamental. In: X Congresso Internacional do CLAD sobre Reforma do Estado e Administração Pública, Santiago do Chile: CLAD, 2005, p.18.

SCHENDLER, Andreas, Plattner, Mark, e Diamond, Larrry. The self restraining state: power and accountability in new democracies. s.l : Lynne Riener Publishers, 1999. p.395.

SHIM, Dong, e EOM, Tae. Egovernment and anti-corruption: Empirical analysis of international data. In: International Journal of Public Administration, 2008, vol.31, no.3, p.298-316.

SHIM, Dong, EON, Tae, HONDEGHEM, A. e PERRY, James. Anticorruption effects of information communication and technology (ICT) and social capital. In: International Review of Administrative Sciences, 2009, vol.75, no.1, p.99.

SHULER, Jhon, JAEGER, Paul, e BERLOT, Carlo. Implicações da harmonização dos princípios do governo eletrónico e do Programa Federal de Bibliotecas Depositárias (FDLP). In: Government Information Quarterly, 2010, vol.27, no.1, p.9.

SMITH, Robert, e BERTOZZI, Mark. Principals and agents: An explanatory model for public budgeting. Journal of Public Budgeting. In: Accounting & a Financial Management. 1998, vol.10, no 3, p.325.

STEVENS, Mile, e GANASELVAM, Shiro. O Banco Mundial e a Governação. In: IDS Bulletin, 1995, vol.26, no.2, p.97.

STIGLIZ, Joseph. A informação e a mudança de paradigma em economia. In: American Economic Review, 2020, vol.92, no.3, p.460.

SUN, Chong, RAMPALLI, Narasimhan, YANG, Frank, e DOAN, Anhai. Chimera: classificação em grande escala usando aprendizado de máquina, regras e crowdsourcing. In: Very Large Database Endowment. 2014, vol.7, no.13, p.1529.
TANZI, Vito. Corruption Around the World Causes, Consequences Scope, and Cures [Causas, Consequências, Alcance e Curas da Corrupção no Mundo]. [em linha] maio de 1998. [acedido em 9 de fevereiro de 2016]. Disponível em linha: http://www.imf.org/external/pubs/ft/wp/wp9863.pdf
TESORO, José. Transparencia y tecnologías de gestión: la viabilidad de sistemas con transparencia en la administración pública. In: Estado y Sociedad, vol1, no.33, p.33.
TSE-TUNG, M. On Contradiction [em linha]. agosto de 1937 [acedido em 8 de fevereiro de 2016]. Disponível em linha: http://www.marxists.org/reference/archive/mao/selected-works/volume-1/mswv117.htm
TWEDDLE, J., L. ROBINSON, D., POCOCk, M.J.O., ROY, H.E. Guide to citizen science: developing, implementing and evaluating citizen science to study biodiversity and the environment in the UK. [em linha] S.l: Museu de História Natural e NERC Centre for Ecology & Hydrology for UK-EOF, 2012, 36 p. [acedido em 9 de fevereiro de 2016]. Disponível em linha: http://www.nhm.ac.uk/content/dam/nhmwww/take-part/Citizenscience/citizen-science-guide.pdf
NAÇÕES UNIDAS. Convenção das Nações Unidas contra a Corrupção. [em linha] Nova Iorque: 2004. [acedido a 09 de fevereiro de 2016]. Disponível em linha: http://www.unodc.org/pdf/corruption/publicationsunodc convention-s.pdf
VALCERDE, M. (2004). Transparência, acesso à informação e responsabilidade: Experiências da União Europeia e do México. In: IX Congreso Internacional del CLAD sobre la reforma del estado y la administración pública. Madrid: Clad, 2004, p.8.
BANCO MUNDIAL. Ajudar os Países a Combater a Corrupção: O Papel do Banco Mundial. [online]. setembro de 1997. [acedido em 9 de fevereiro de 2016]. Disponível em linha: http://www1.worldbank.org/publicsector/anticorrupt/corruptn/cor02.htm
YAN, Tingxin, KUMAR, Vikas, e GANESAN, Deepak. Crowdsearch: Explorar as multidões para uma pesquisa precisa de imagens em tempo real nos telemóveis. In: 8th international conference on Mobile systems, applications, and services. São Francisco: ACM, 2010, p.77.
ZHANG, Chen, CHEN, Lei, JAGADISH, H.V., e CAO, Chen. Reduzindo a incerteza da correspondência de esquemas via crowdsourcing. In: Very Large Database Endowment. 2013, vol.6, no.9, p.757.

MIX
Papier aus verantwortungsvollen Quellen
Paper from responsible sources
FSC® C105338

Printed by Books on Demand GmbH, Norderstedt / Germany